河西地区作物需水变化机制与水资源优化配置研究

HEXI DIQU ZUOWU XUSHUI BIANHUA JIZHI
YU SHUIZIYUAN YOUHUA PEIZHI YANJIU

韩 杰 著

中国农业出版社
北 京

作 者 简 介

韩杰，女，汉族，1988 年 3 月生，毕业于兰州大学，博士研究生

工作单位：郑州航空工业管理学院商学院，通信地址：河南郑州郑东新区文苑西路 15 号

研究方向：农业经济与管理、区域经济

前　言 //////////
FOREWORD

位于我国西北内陆的河西走廊地区，深处大陆腹地，因为特殊的地理区位，成为生态脆弱和气候敏感多变区域，在人类活动超出生态环境可承载范围时，即使气候表现出微小的变动都可能引起当地环境明显的波动。目前，农业用水对生态用水的挤占，以及不断加剧的水资源竞争伴随着气温、降水和蒸散量的变化，已经严重影响了该区绿洲农业的发展基础和生态环境的良性循环。

本书结合了笔者多年的前期积累和国内外学者的研究成果，内容上包括绪论、基于水足迹的作物需水量时间序列变化、主要作物耗水量分离与气候响应、基于 LMDI 分解的作物耗水量及灰水需求量变化经济技术响应、基于水足迹的多目标种植结构优化。

本书在河西地区面临水资源短缺、农业持续性发展受到威胁的现实条件下，着眼于农业需水的影响因素分析，并在此基础上从合理控制农业发展规模、优化种植面积的角度挖掘农业节水潜藏空间，对确保区域农业经济良性发展具有重要的意义。本书适合高等学校和科研机构从事农业或经济管理等领域教研人员教学和科研使用，也适用于企业研究人员和其他感兴趣的研究者参考。

本书尽管已经详细分析了作物需水变化机制，并从作物结构调整的角度提出了水资源合理化配置的方案，但是随着时间的推移，某些方面可能会有新的发展，敬请读者提出宝贵意见，以便进一步修正和改进。

著　者

2021.3

目　录 //////////

CONTENTS

前言

第一章

绪　　论

第一节　河西地区介绍

一、地理位置与气候、水文、社会经济概况

1. 地理位置　河西地区是一个呈东南-西北走向的狭长地带，东起乌鞘岭，西至玉门关，北起腾格里沙漠、龙首山、合黎诸山，南至祁连山，海拔 1 000～3 200 m，位于北纬 37°17′—42°48′、东经 93°23′—104°12′之间（蓝永超等，2002）。因为该地区为狭长地带，而且位于黄河以西，故又称"河西走廊"。自古以来，河西地区就是丝绸之路的重要组成部分，是我国通往中亚以及印度等地的交通要道。以黑山、宽台山和大黄山为界，该地区被分隔为石羊河流域、黑河流域和疏勒河流域，三条内流水系均发源于祁连山，由冰雪融水和降水补给形成，河流出山后，大部分渗入戈壁滩形成潜流，或被用于绿洲灌溉，仅较大河流的下游可以到达终端湖。该地区降水较少，而且以小雨为主，因此水资源非常有限，属于典型的内陆干旱地区（王素萍等，2006）。

2. 气候概况　河西地区大部分属于温带或暖温带大陆性干旱气候，再加上区域内绿洲被大范围戈壁和荒漠所包绕，因此河西地区气候异常干旱。河西地区所处地理位置非常特殊，它是西伯利亚寒流南下同时西向塔里木盆地倒灌的重要通道，所以冬季酷寒。但河西地区光照时间长，太阳辐射强，有利于植物中糖分的形成，为瓜果、粮食作物等生长提供充足光能来源。同时，河西地区也是多风、多沙的地区，其中尤以玉门和瓜州最为显著，成为本区风沙最大的两个地区。

河西地区的降水分布具有明显的复杂性、独特性的特点，降水主要集中在山区，降水量随着海拔的降低急剧减少。祁连山区因为受到太平洋及印度洋暖湿气流的影响，降水较多，其年平均降水量超过 500 mm；而祁连山前的戈壁

和绿洲地区，属于典型的内陆干旱地区，是河西地区降水最少的地方，年平均降水量 100 mm 以下，其中敦煌尤其显著，其年平均降水量仅 39 mm（黄玉霞等，2004）。因此，在河西地区这个特殊的区域内，气候从湿润、半湿润急剧过渡到干旱、极干旱。

3. 水文概况　河西地区深受大陆性干旱气候的影响，干旱少雨的情况使区域内河流补给受到极大影响，同时限制了本区域的发展。然而，冰雪融水给区域内河流的补给带来了希望，祁连山冰雪融化形成的河流，孕育了广阔的绿洲。河西地区南部邻近祁连山的部分地区降水量，比其他地区降水量略微丰富，更容易形成地表径流。同时，该区大多数河流随季节变化明显，春季气温开始回升，夏季是一年中的丰水季节。

4. 社会经济概况　在行政区划上，河西地区辖嘉峪关、张掖、武威、酒泉、金昌 5 个地级市 20 个县（区），17 个国有农牧场。河西地区的土地资源开发历史悠久，其中以农业开发为主，时至今日，依靠土地资源的农业仍然是河西地区经济发展的重要支柱产业。河西地区富有得天独厚的光热资源，不仅能够满足小麦、甜菜、玉米、瓜果、棉花等喜温作物在生长过程中的需求，而且对蛋白质和糖分在作物中的积累也极为有利。因此，河西地区是生产优质棉、油、糖、瓜果的理想基地，同时也是发展特色中药材、设施农业、畜牧业的理想基地。河西地区抓住了国家致力于商品粮基地建设和农业综合开发的良好机遇，动态调整了农业产业结构，初步形成了具有一定特色和规模的农业产业体系，主要表现在制种业、粮食生产和经济作物种植的协调发展方面。

河西地区位于"丝绸之路经济带"黄金段，既是甘肃省乃至我国西北内陆著名的商品粮基地和经济作物集中生产区，也是西北灌溉农业大规模开发最早的区域。改革开放以来，河西地区乡村人口数量经历了"先增加、后减少"的变化过程，1999 年达到峰值，截至 2017 年，年末常住人口约为 489.6 万人，其中乡村人口约为 236.9 万人，占总人口的 48.4%。河西地区耕地面积仅占全省的 18.48%，但生产出的粮食、油料、甜菜、水果、棉花分别占了全省同类作物的 16.8%、29.4%、81.2%、26.3%、94.6%，农民人均收入达 3 095.62 元，为全省人均收入的 1.95 倍，是甘肃省最重要的综合性农产品生产基地（表 1-1、表 1-2）。

河西地区以其独特的优势，为开发建设提供了巨大的潜力。然而，由于人为不合理的开发利用，河西地区的生态环境破坏严重，而且呈日益恶化的趋势。对于河西地区脆弱的生态系统而言，进行农业生态环境的保护具有重要意义。

表1-1 2013年河西地区农业经济概况

地区	总人口（万人）	农业人口（万人）	农业总产值（亿元）	粮食作物面积（万 hm²）	经济作物面积（万 hm²）	饲草作物面积（万 hm²）
河西地区	487.69	312.80	316.31	40.61	32.52	3.31
石羊河流域	234.44	151.65	125.38	18.04	12.32	1.40
黑河流域	207.29	130.15	149.81	21.33	12.80	1.09
疏勒河流域	45.96	31.01	41.13	1.23	7.40	0.81

资料来源：《甘肃农村年鉴2013》。

表1-2 2013年河西地区主要农作物种植面积（万 hm²）

地区	春小麦	玉米	薯类	棉花	胡麻	油菜	蔬菜	瓜类	苹果	葡萄
河西地区	10.49	18.20	6.33	3.66	1.58	2.74	2.08	1.61	12.01	1.88
石羊河流域	4.12	7.71	3.30	0.89	1.39	0.32	0.86	0.81	5.55	0.55
黑河流域	5.69	10.11	3.01	0.89	0.18	2.37	0.40	0.77	4.73	0.24
疏勒河流域	0.68	0.37	0.02	1.89	0.01	0.04	0.82	0.04	1.73	1.09

资料来源：《甘肃农村年鉴2013》。

二、石羊河流域介绍

石羊河流域是我国西北部河西走廊3个内陆河盆地之一，位于甘肃省的东部，处于东经101°41′—104°12′、北纬36°29′—39°27′，属于干旱半干旱地区。石羊河流域行政区划上主要包括金昌市和武威市，区域东南部与白银市、兰州市相邻，西南部与青海省接壤，西北部与张掖市相连，东北部与内蒙古自治区毗邻，流域面积达4.16万 km²，占整个河西地区总面积的15.4%（魏怀东等，2014；周俊菊等，2015）。

据统计，2013年石羊河流域耕地面积约30.50万 hm²，有效农田灌溉面积约29.71万 hm²，其中实灌农田面积约25.10万 hm²，实灌林草面积约3.32万 hm²；区域内总人口为234.4万人，其中农业人口为151.6万人，农业总产值125.38亿元；工业增加值为262.74亿元，其中国有工业以及规模以上非国有工业增加值为241.60亿元，火电工业增加值为1.65亿元；第三产业增加值为165.96亿元。2013年石羊河流域的农业发展仍以粮食作物为主，粮食作物播种面积占总播种面积的56.79%，经济作物占总播种面积的38.79%，饲草作物占播种面积的4.4%，详情见表1-3。其中，粮食作物主要包括玉米、啤酒大麦、薯类，经济作物包括甜菜、胡麻、黑瓜、油菜，其他作物包括蔬菜、瓜类等。

石羊河流域内水资源短缺，加上水资源被过度开发利用，导致流域内社会经济和生态环境的可持续发展受到严重威胁。生态环境用水已被社会经济发展用水严重挤占，导致流域内的生态环境出现恶化，而且呈现日益扩大的趋势。区域内地下水位下降非常明显，进而沙漠入侵绿洲，沙尘暴灾害肆虐，对流域内人们的基本生存和生产活动构成了严重威胁。

表 1-3　2013 年石羊河流域农业经济概况

地区	总人口 （万人）	农业人口 （万人）	农业总产值 （亿元）	粮食作物面积 （万 hm²）	经济作物面积 （万 hm²）	饲草作物面积 （万 hm²）
石羊河流域	234.44	151.65	125.38	18.04	12.32	1.40
金昌	45.94	0	23.16	4.78	2.30	0.30
武威	188.51	151.65	102.21	13.26	10.02	1.10

资料来源：《甘肃农村年鉴 2013》。

三、黑河流域介绍

黑河发源于祁连山北麓，流经青海、甘肃、内蒙古三省份，是我国第二大内陆河，在西北干旱半干旱地区绿洲发育、生态屏障等方面，发挥着重要功能。该流域气候干燥，降水稀少且集中，太阳辐射强烈，昼夜温差大（李占玲，2009）。受大陆性气候和祁连山-青海湖气候区的影响，黑河流经河西走廊的区域属中温带气候区（张鹏，2014）。由于黑河流域受季风的影响，流域内水资源在时空上分布不均匀，汛期降水量大而集中，春季降水量少而不稳（李占玲，2009）。

黑河流域中游地区包括甘肃省的民乐、山丹、临泽、张掖、高台等县（市），属于灌溉农业经济区域。2013 年区域内总人口为 207.29 万人，作物播种面积为 35.23 万 hm²，其中粮食作物播种面积 21.33 万 hm²，经济作物播种面积 12.80 万 hm²，饲草作物播种面积 1.09 万 hm²，黑河流域社会经济概况如表 1-4 所示。黑河流域中游的张掖、酒泉和嘉峪关市的部分地区，有干渠192 条，总长度达到 2 545 km，平均衬砌率为 57.5%。据统计，该流域现有机电井 6 484 眼，年开采能力达到 5.115 亿 m³。

黑河中游地区面临严重的区域生态环境问题，在水土资源问题上表现得尤为突出。近几十年来，随着人类社会的进步和经济的逐步发展，人工绿洲面积也在不断扩大，但是，水土资源系统却遭到了重大打击，生态用水被农田用水大量挤占，天然草场快速退化，取而代之的是不断增加的耕地、城镇聚落，水土资源系统与人工绿洲之间已经不能协调发展。

表 1-4 2013 年黑河流域农业经济概况

地区	总人口 （万人）	农业人口 （万人）	农业总产值 （亿元）	粮食作物面积 （万 hm²）	经济作物面积 （万 hm²）	饲草作物面积 （万 hm²）
黑河流域	207.247	130.15	149.81	21.33	12.80	1.09
张掖	131.34	95.15	99.54	18.51	7.72	0.79
酒泉市肃州区	40.88	23.11	25.99	1.92	2.55	0.17
酒泉市金塔县	15.03	11.88	19.17	0.78	2.13	0.12
嘉峪关	20.03	0	5.10	0.12	0.29	0.00

资料来源：《甘肃农村年鉴 2013》。

四、疏勒河流域介绍

疏勒河流域位于河西走廊的西部，东起玉门镇，西至玉门关，位于东经 92°11′—98°30′、北纬 38°0′—42°48′，是河西走廊三大主要内陆河流域之一。其位于青藏高原和内蒙古阿拉善高原的过渡带上，面积约 16.998 万 km²。区域年平均气温在 7～9 ℃，年平均降水量不足 60 mm，气候极度干燥，是我国西北典型的干旱区（蓝永超等，2012）。因此，该地区的生态环境比较脆弱，对水资源极度依赖。疏勒河流域下辖玉门市、敦煌市、瓜州县、肃北蒙古族自治县、阿克塞哈萨克族自治县以及瓜州县，包括昌马、花海、双塔三大灌区。疏勒河流域的水资源给玉门、瓜州、敦煌等绿洲的灌溉农业带来了生机。如表 1-5 所示，2013 年疏勒河流域总人口为 45.96 万人，其中农业人口为 31.01 万人，总播种面积 9.5 万 hm²，其中粮食作物播种面积 1.23 万 hm²，春小麦和玉米作物总产量 75 458 t，是河西走廊重要的商品粮基地，同时也是甘肃省的主要商品粮基地之一，其经济和战略地位显著，被誉为"西部粮仓"。

表 1-5 2013 年疏勒流域农业经济概况

地区	总人口 （万人）	农业人口 （万人）	农业总产值 （亿元）	粮食作物面积 （万 hm²）	经济作物面积 （万 hm²）	饲草作物面积 （万 hm²）
疏勒河流域	45.96	31.01	41.13	1.23	7.46	0.81
瓜州县	12.90	10.28	12.34	0.46	3.14	0.24
玉门市	14.21	9.66	11.69	0.65	2.63	0.44
敦煌市	14.27	10.19	16.79	0.05	1.60	0.09
肃北蒙古族自治县	1.18	0.58	0.18	0.06	0.02	0.01
阿克塞哈萨克族自治县	3.39	0.30	0.13	0.01	0.01	0.03

资料来源：《甘肃农村年鉴 2013》。

第二节 水足迹

一、水足迹概述

水足迹的概念最早是荷兰学者 Arjen Y. Hoekstra（2003）在关于虚拟水贸易的国际专家会议上提出来的，其概念的形成是为了探究人类的各类消费和水资源消耗间的关系以及全球区域贸易和水资源分配间的关系。水足迹概念的提出是以虚拟水的定义为基础，和隐形能源等概念相近，也可以称为看不见的隐形水。英国学者 John Anthony Allan 最早在 1993 年明确提出了虚拟水的概念，具体指生产或者服务过程中所消耗的水资源，如生产 1 kg 的牛肉大概要消耗 15 415 L 的水资源，而生产同样产量的玉米和苹果仅分别需 1 222 L 和 822 L 的水资源（Mekonnen et al.，2011）。产品生产和某种服务所包含的虚拟水总量是通过该产品或者服务生成过程中所消耗的具体水资源量来衡量，与实体水资源量相比，产品或服务的虚拟水含量就多很多。如果包含大量虚拟水的农产品通过商品贸易从一个区域流入另一个区域，这种贸易流就是虚拟水贸易（Hoekstra et al.，2002；Hoekstra et al.，2008）。通过量化服务或产品中所蕴含的虚拟水，有益于更好地认识区际贸易和消费模式对水资源分配的影响，以便在全球范围内更加合理地管理和分配水资源（Hoekstra et al.，2008）。

在虚拟水概念的基础上，水足迹的表征就是在特定的物质生活条件下，生产一定数量的供人们消费的物质和服务所消耗的淡水资源量，它指的是能够维持人们日常生活消费所要消耗的实物水资源量（Hoekstra et al.，2003）。计算消费某类服务或者产品时所蕴含的水资源数量，是通过将该类服务或产品的消耗数量与相应的单位虚拟水含量相乘得到的。水足迹可以说是一种衡量水资源总使用量的有效手段（马静等，2005），按组成类型可分为蓝水、绿水和灰水 3 个部分。以江河、湖泊、湿地和浅层地下水的形式储存的水资源类型为"蓝水"资源；存储在不饱和土壤中可以通过植物蒸腾作物吸收消耗的水资源类型为"绿水"；产品生产过程对环境造成一定的污染，需要淡水资源进行稀释，这部分稀释水即为"灰水"。所以，水足迹可以综合评价人类所需要的产品或服务在整个生产环节中所消耗的水资源量以及对环境造成的污染，量化各类产品和服务的水资源消耗情况，更深刻地认识人们生产生活中物质消费和水资源消耗之间的密切关系。

水足迹概念的形成是以生态足迹为基础，因水资源和土地资源类似，不仅作为一种资源供给，同时还有吸纳污染的作用，且两者都是很稀缺的基础自然资源（Hoekstra et al.，2008）。各种土地类型是自然生态系统和人类社会经济系统相互作用的平台，为了使人类生产生活所需求的自然资源与地球生态环境承载力之间的关系定量化，一位从事生态经济学研究的加拿大学者 William Rees 在 1992 年首次提出了生态足迹模型（EF），把人类所消耗的不同产品按一定的标准换算到生物生产性土地账户，具体包括建设用地、林地、耕地、牧草地、化石能源用地以及用于生产的水域，换算过程中不仅涵盖了生物的生产能力，还着重探讨了对废弃物消纳的能力。同时，把土地面积作为人类生产活动对自然资源占用的判断标准，有利于人们理解生产活动对自然资源的占用情况以及对生态环境的深刻影响（Rees et al.，1992；Rees et al.，1996；Wackernagel et al.，1997；彭建等，2006）。虽然生态足迹模型仅关注了水域进行生物生产的能力，忽视了它作为资源的供给能力和消纳污染的生态功能，但生态足迹所提供的研究视角和资源核算方法为更科学地管理资源开辟了新的思路。受生态足迹的影响，在水足迹的概念中将水作为人和自然相互作用的界面，并采用了生态足迹关于账户核算的思维体系。

二、水足迹研究内容

水足迹指的是从人类生产生活过程中直接对水资源的消耗以及通过消费产品和服务间接占用的水资源量出发，计算人们对水资源的总需求量和真实占用。水足迹的研究内容主要包括三个方面：首先，测算产品生产、服务过程所产生的水足迹，或者以区域为单位量化其水足迹并分析时空分布特征。其次，评估水足迹的社会、经济和生态环境持续性；最后，在前面研究的基础上制定对策方案（Hoekstr et al.，2011）。所以，水足迹的研究对象可以多样化，既能够分析生产链条中某个生产环节的水足迹或终端成品的水足迹，也可针对不同的对象，如消费者、特定的产业部分等计算水足迹，同时也能站在地理学的角度，研究多尺度范围内的水足迹产生量，例如以地区、省（自治区、直辖市）、流域、国家乃至全球为研究区域。具体研究内容包括以下几个方面：

1. 水足迹过程研究　产品生产链中的特定环节水足迹主要包括蓝水足迹、绿水足迹和灰水足迹 3 个部分。其中，蓝水主要指的是地表及地下水资源消耗，是蒸发耗水、潜藏在产品和服务中的水分以及无法再重复使用的回水量之和。绿水足迹主要来自大气降水，这部分水量未能形成地表径流也没有通过下渗补给地下水，而是存储在土壤层中或者残留在植物表面，最后以植物蒸腾的形式被利用。绿水足迹和农林作物生产过程关系最为密切，是作物通过蒸腾消耗的水资源量与作物自身储水量之和。灰水足迹是某个生产环节对环境造成的污染严重程度的一个评价指标，可以先通过计算污染物排放浓度与消纳污染源水域的本底浓度之差，然后用生产过程排污量与该差值的比值最终测算出灰水足迹（Hoekstra et al.，2011；Mekonnen et al.，2010）。

2. 核算产品及消费群体水足迹　某种产品在生产过程中直接和间接所需要的总水资源量包括全生产链过程中水资源消耗和产生的污染，与过程水足迹相似（Mekonnen et al.，2011；Mekonnen et al.，2012），也分为蓝水足迹、绿水足迹和灰水足迹3个部分。工业产品、农产品、服务型产品水足迹的核算方法相似，先将整个生产过程的各个环节进行分解，随后通过阶段累计法或者链式求和等方法进行水足迹核算。立足消费者的水足迹计算方法，是将消费品生产全过程中所需要的全部淡水资源和排污量汇总，而群体消费者水足迹是在此基础上将个体水足迹加和得到（Hoekstra et al.，2011）。

3. 区域水足迹核算　确定研究区域后，就可以进行不同尺度下的水文单元或行政单元内的水足迹计算。某个区域水足迹是在该区域内所有生产性活动及非生产性活动水足迹的总和，也可以指研究区域内所有消费群体水足迹之和。总体而言，水足迹计算方法主要分为自下而上法以及自上而下法，又称总和法及成分法。自下而上法是基于产品生产过程的视角，先计算区域内水足迹总量，然后从中去除虚拟水贸易过程中的出口量，再加上虚拟水贸易的水资源流入量（Hoekstra et al.，2011），见式（1-1）。

$$WF = WF_{in} + WF_{im} - WF_{ex} \qquad (1-1)$$

式中，WF 表示区域真实总水足迹，WF_{in} 表示研究区域内水足迹，WF_{im} 表示虚拟水贸易进口的水资源量，WF_{ex} 表示虚拟水贸易出口的水资源量。

自上而下法需要详细的进出口贸易数据，所以适用于大尺度区域，例如省级、国家层面的水足迹计算。在没有完整的进出口贸易数据情况下，可以用自下而上法进行小尺度范围内的水足迹统计（王新华等，2005）。自下而上法是站在产品或服务消费的视角上，将其分为直接水资源消费即实体水消耗和间接水资源消费（虚拟水消耗），后者的计算方法为单位产品的虚拟水需求量乘以对应产品的消费数量，见式（1-2）。

$$WF = WU + \sum N_k \times VWF_k \qquad (1-2)$$

式中，WF 表示特定区域的水足迹，WU 表示实体水足迹，N_k 表示第 k 种终端产品的消费数量，VWF_k 表示第 k 种消费产品的单位虚拟水需求量。

第三节　水资源压力指数

以往基于虚拟水方法计算的产品水足迹仅仅报道水资源消耗和污染量，并不能直观地体现相应的环境影响（Wichelns et al.，2010）。农作物单位水资源消费量对水资源匮乏区所造成的影响要大于水资源富足区，仅单纯考虑量的计算并不能真实反映区域的水资源状况（Chapagain et al.，2012），所以需要一个可以评估区域水资源短缺状况的评判指标。为了更准确地区分水资源富足区与水资源匮乏区，找出科学表征区域水资源压力状况的指标，学术界一直在不断探索，而且也曾有多种指标来衡量地区水资源短缺程度，例如法尔肯马克指数（Falkenmar et al.，1989）、水资源短缺指数（Gleick，1996），以及水资源压力指数（Ohlsson，2000）。其中，法尔肯马克指数可能是衡量水资源短缺程度运用最为广泛的一种方法，是人均水资源需求量的一种判断方法。它把一个地区的水资源状况划分为 4 个等级，分别为无压力（人均年水资源使用量＞1 700 m^3）、压力状态（人均年水资源使用量为 1 000～1 700 m^3）、短缺（人均年水资源使用量为 500～1 000 m^3）和绝对短缺（人均年水资源使用量＜500 m^3）（Falkenmark et al.，1989）。但是这种衡量指标仅用于国家层面，对于更小尺度水资源状况的判断是缺失的。另外，还有一种较为普遍的衡量指标为总可用淡水资源量占水文可利用水资源量的比值，即"取用比可用"（WTA）（Brown，2011）。水资源短缺评估方法已经取得了重要的成果，方法也在逐渐完善，尤其是为了更加精确地衡量全球水资源短缺和水资源消耗影响，将水足迹与水文可用水资源量结合起来研究的方法以及致力于生命周期影响评价理论（LCA）（Bayart，2010；Berger，2010；Milài，2009；Fingerman，2011）研究的学者们所提出的蓝水足迹短缺（Hoekstra，2012）、水资源压力指数（Pfister，2009）等方法都是更为科学的计算方法。此外，也有一些研究成果分析了经济共同体、国家或者区域内部水资源匮乏区与水资源富足区之间的水资源密集型供应链。

在前人研究的基础上，本书主要采用了水资源压力指数（WSI）的概念来衡量不同区域的水资源压力状况，从而开展水资源利用的环境影响评价。水资源压力指数指的是年可用淡水资源量与流域水文可利用水资源总量的比值（Pfister et al.，2009）。Hanafiah 等（2011）、Ridoutt 等（2010，2013）曾经将水资源短缺权重和特征因素引入关于水资源消费及水资源短缺的相关研究中，从消费的角度计算淡水资源的潜在损失，并利用粮食生产过程中两个实例测算了全球足迹，形成了一个包括水资源消耗、水资源压力指数、降低污染的新生态模型。Pfister 等（2011）计算了具体的环境影响以及 160 种作物生产过程中独特的水资源消耗，这些作物中包括了食物、生物能源、纤维等的主要来源，最后又计算了这些水资源消费对全球水资源短缺的影响。Pfister 等（2009，2014）测算了全球范围内约 11 000 个流域的月度作物生产水足迹和虚拟水贸易，并利用生命周期影响评价的方法，全面考虑生态、水文、经济社会各方因子，计算了全球 0.5°空间分辨率下的 WSI 值，并评估了水资源短缺对人类健康、生态系统质量、自然资源的危害性，以便因地制宜地评价淡水资源消耗的影响（Pfister et al.，2009）。综上所述，以往基于虚拟水方法计算的产品水足迹仅仅报道水资源消耗和污染量，并不能直观地体现相应的环境影响（Hoekstra et al.，2011；Hoekstra et al.，2003；Chapagain et al.，2004；Wichelns，2010），而水资源压力指数（WSI）（Chapagain et al.，2012；Brown et al.，2011；Hoekstra et al.，2012；Pfister et al.，2009）的引入则使全球水资源利用的影响评价更加客观精确。目前，将水足迹和水资源压力指数结合起来研究水足迹与水资源利用影响评估的方法尚处于探索阶段。

第四节　种植结构优化

一、种植结构优化理论

可持续发展理论：核心思想是作物结构的优化调整，能够有助于决策者更加合理地配置特定区域内的经济资源、水土资源以及人力资源，促进资源的有效利用，使得区域农业发展能够持续合理进行。

系统工程理论：系统的功能能否得到最大程度发挥是由内部的组合结构所决定的，结构的科学合理优化有益于整个系统的良性运转。类似的，农业系统的发展也同样得益于内部种植结构的调整，系统工程就是让系统内部各个要素之间以及局部与整体之间能够密切配合、有机联系，从而使系统整体机能达到最优状态。

区域相对优势理论：按照因地制宜的发展理念，种植业发展应根据区域条件和发展需求科学布局，充分发挥区位特有的技术、人力、资金等相对比较优势，谋求种植业的最大效益。

比较优势理论：充分利用区域内特有的资源等优势，在竞争中形成比较优势，是国家或区域间进行区际贸易、资源合理流通的基础，同时也是不同区域进行贸易流通、农业生产应该坚持的基本原则。

市场机制理论：将市场作为优化配置资源的主体，根据市场的供需状况进行农作物的种植安排，合理调整作物结构满足市场需求，重点发展市场需求量大、经济效益好、发展前景广阔的作物种类，以实现综合效益最大化。

耕作制度理论：应用市场学理论、系统学方法、经济学方法以及生态学理论等方法和理论合理安排作物种植面积，科学布局作物种类、安排耕作模式（套种、轮作等），以此优化农作物结构，追求经济效益最大化。

二、种植结构优化方法

农业系统其实是一个复杂的综合系统，包含经济、生态、社会 3 个方面，在水资源紧缺的环境下调整种植结构以节约水资源，应充分考虑社会、生态和经济 3 个方面，使综合效益最大化。关于种植结构优化方法的运用，学者们已经做了大量有益探索，但多数是基于运筹学理论与算法来解决种植结构优化调整问题，比较常用的算法如多元统计、模糊综合、灰色理论、非线性规划等。因其在模型构建以及求解过程中易于实现且算法成熟，一直被广泛使用。

秦建成等（2003）结合系统工程学方法和生态学理论，借助数学方法中的线性规划法、投入产出法，在量化研究的视角上对张掖地区主要粮食作物、经济作物及饲草作物进行种植面积优化调整，为制定农业发展战略提供依据；陈守煜（2003）等用多目标模糊综合优化方法来合理调整各作物类型的种植结构；许拯民（2005）在充分考察河南郏县地区农业发展特点及作物生长特点的基础上，应用系统优化方法对作物种植结构进行调整，达到农业水资源合理配置的目的；徐建新等（2006）详细介绍了单目标化局势最优方法，选取位于黄河下游地区某一引黄灌区作为研究区，以其内部农作物种植面积调整优化作为具体研究案例，分析了单目标化局势最优决策模型的具体计算步骤；朝伦巴根等（2006）应用响应矩阵法研究了牧草作物生长过程中具体需水量，同时将牧草生育期内水资源需求量、灌溉过程中抽取地下水资源量以及取水量与地下水水位系统之间的复杂对应关系综合在一起，为解决地下水资源持续性利用问题构建了非线性多目标优化决策模型，最终得出合理分配牧草种植方案以及保证地下水资源持续利用的发展策略；周惠成等（2007）充分考虑了在作物种植结构调整相关数据的处理过程中存在的不确定性以及模型构建过程、决策者本身所存在的模糊性等问题，从而采用模糊综合算法对多目标种植结构优化模型进行求解；张丛等（2008）将生态效益最大化以及经济效益最大化作为优化的综合目标，运用数学规划法构建多目标优化模型，合理协调农业发展过程中生态和经济之间的关系；高明杰等（2008）在区域研究的尺度上将经济发展目标、社会发展目标和生态环境持续性目标综合在一起，构建多目标模糊综合优化模型，通过调整种植结构合理配置水资源，达到水资源的高效利用；刘明春等（2003）通过结合系统工程理论并采用线性规划法对生态环境脆弱的河西地区农业种植结构调整进行了实证研究；龙爱华等（2006）对水权分配中常用的直接比例配置法以及两步配置法进行了对比研究，分别分析了两种配置方法下甘州区种植业经济效益的不同情况。

基于运筹学理论的数学算法在解决种植结构优化问题中优势明显，但种植结构调整所涉及的因素较为复杂，既包含自然环境因子也包含经济社会因子等，在复杂的环境下算法也需要进一步改进。计算方法的不断优化改进为种植结构优化问题求解提供了必要的支撑平台，新的改进算法如投影寻踪、遗传算法等在解决此类问题时也表现出了明显的优势（Animesh，2005；Victoria et al.，2005；Takeshi，2003；Tasuku，2005）。

第二章

基于水足迹的作物需水量时间序列变化

第一节 水足迹核算方法

根据水足迹的定义可知某个国家或区域的生产作物水足迹，指的是该国或该区域内作物在整个生育期内所需要的总水资源量，按水资源种类具体包括蓝水足迹、绿水足迹以及灰水足迹。这里，基于水足迹的计算方法来评估河西地区 10 种主要作物的需水量，作物生育期内水足迹（WF_{crop}）的计算方法参照式（2-1）。

$$WF_{crop} = WF_{green} + WF_{blue} + WF_{grey} \qquad (2-1)$$

式中，WF_{green} 表示作物生长过程中绿水消耗量，绿水其实就是作物生育期内雨水的总蒸发量；WF_{blue} 表示蓝水消耗量，包括河水、湖水、地下水或总灌溉水蒸发量；WF_{grey} 表示作物生长过程中灰水需求量，是因为使用农药、化肥等所产生的污染稀释水。本研究为了凸显水资源消耗的环境影响，将作物需水量分为作物耗水量和灰水需求量，作物耗水量包含蓝水和绿水的消耗量。

一、作物绿水与蓝水计算

为了计算 WF_{green} 和 WF_{blue}，需要先通过气象要素计算参考作物蒸散量（ET_0）（Allen et al.，1988），并通过作物调节系数（K_C）计算作物蒸散量（ET_C），作物蒸散量是两部分的水分流失，分别为土壤表面的蒸发和作物蒸腾。具体见式（2-2）（Allen et al.，1988）。

$$ET_{crop} = ET_{blue} + ET_{green} = K_C \times ET_0 \qquad (2-2)$$

式中，ET_{crop} 为作物蒸散量，mm/d；ET_{blue} 为作物蓝水蒸散量；ET_{green} 为作物绿水蒸散量；K_C 为作物调节系数（无量纲）；ET_0 为参考作物蒸散量，mm/d。

式（2-3）为 WF_{crop}（水足迹）的一般计算方法。10 是将水深单位

（mm）转化为水的体积单位（m^3）；A 为作物种植面积；$\sum_{d=1}^{\lg p} ET_{crop}$ 为作物生长期内从播种日（第一天）到收获日总蒸散量，$\lg p$ 表示生长期的天数。通过作物蒸散量计算 WF_{green} 和 WF_{blue} 的具体步骤如图 2-1 所示。

$$WF_{crop} = 10 \times A \times \sum_{d=1}^{\lg p} ET_{crop} \qquad (2-3)$$

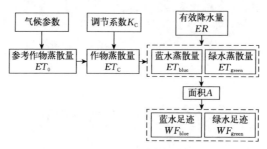

图 2-1　水足迹计算流程

ET_{green} 通过比较作物生长期内的潜在蒸散量与有效降水量（ER）来确定，当 $ET_C > ER$ 时，ET_{green} 等于有效降水量，$ET_{blue} = ET_C - ER$；当 $ET_C < ER$ 时，ET_{green} 等于 ET_C，则 $ET_{blue} = 0$。

$$WF_{blue} = 10 \times A \times \sum_{d=1}^{\lg p} ET_{blue} \qquad (2-4)$$

$$WF_{green} = 10 \times A \times \sum_{d=1}^{\lg p} ET_{green} \qquad (2-5)$$

式中，ET_0 一般通过搜集相关气象资料，主要包括平均最低气温、平均最高气温、平均降水量、日照时数、平均风速等气象要素，并参照联合国粮食及农业组织（FAO）推荐的 Penman-Monteith 公式进行计算。参考作物蒸散量是通过假设一个参考面（植株高度为 12 cm，表面阻力系数为固定值 70 s/m，假想面的反射率是 0.23，生长的植物类型为草并将参考面完全覆盖，且生长所需水分充足），将不同环境下气候条件对作物生长需水的影响转化为对参考作物需水的影响，在计算过程中不考虑作物类型、作物管理措施以及作物发育差异等对作物需水的影响。ET_0 的具体计算方法为：

$$ET_0 = \frac{0.408\Delta(R_n - G) + r\dfrac{900\,(e_a - e_d)}{T + 273}}{\Delta + r\,(1 + 0.34U_2)} \qquad (2-6)$$

式中，Δ 为温度曲线与饱和水汽压相关的斜率，$kPa/℃$；R_n 为植物表层的净辐射量，$MJ/m^2 \cdot d$；G 为土壤热通量，$MJ/m^2 \cdot d$；r 为干湿度的常用量，$kPa/℃$；e_a 为饱和水汽压，kPa；e_d 为实际观测水汽压，kPa；$e_a - e_d$ 为饱和水汽压与实测压力的差值；T 为平均温度，$℃$；U_2 为 2 m 高处的风速，m/s。

计算作物生育期内有效降水量较为精确的方法是实时水量平衡法,通过掌握作物的潜在蒸散量、深层下渗量、土壤畜变量以及生育期内降水量等数据来计算,但是该方法需要的数据量较多且不易获取,所以本书选用美国土壤保持局研究出的 USDA - SCS 法。该方法是由相关科学家在分析研究了美国 22 个区域 50 年降水数据的基础上,并结合作物蒸散量、降水量、灌溉需水量等多种因素而提出的,具体见式(2-7)、式(2-8)。

$$P_e = SF(1.25P_t^{0.8242} - 2.935)(10^{9.55 \times 10^{-4} ET_C}) \qquad (2-7)$$

$$SF = 0.53 + 1.16 \times 10^{-2}D - 8.94 \times 10^{-5}D^2 + 2.32 \times 10^{-7}D^3$$
$$(2-8)$$

式中,P_e 为逐月有效降水量,mm,数值范围表达式为 $P_c \leqslant \min(P_t, ET_C)$;$P_t$ 为逐月实际降水量,mm;ET_C 为作物月潜在蒸发量,mm;SF 为土壤水分的储存因子,多数研究发现 SF 一般可以取 1.0(丛振涛等,2011);D 为可供利用的土壤储水量,mm,D 一般取作物根部土壤有效持水量的 40%~60%。

USDA - SCS 方法在计算过程中综合了气候、土壤以及土壤持水量等多因素的平均状况,与其他计算方法相比有更好的适应性,在不同区域、不同降水状况、不同土壤类型等变化环境下具有普适性,可以很好地估计区域有效降水量。

二、作物灰水计算

面源污染是农作物生产过程中,因为化肥、农药的使用所导致的普遍环境问题。面源污染物的成分比较复杂,不同污染物所需要的使其达到环境安全标准的稀释水量也不同。作物灰水足迹的计算符合"短板原理":A、B等不同污染物可以被同一水量来稀释,且所需水量不存在叠加性,面源污染的稀释水量由成分最大的污染物来控制。由于氮肥在农业生产中使用量最大,同时也是不同水体的重要污染源,因而以淋失氮所需的稀释水量作为灰水足迹。氮肥进入农田后,大部分因为渗漏而损失,还有小部分随着降水的淋溶作用而流失,淋失的化肥量占总施入量的比例称为淋失率。因为河西地区降水较少,主要为灌溉农业区,氮肥的淋失主要是因为灌溉所产生的,且氮素淋失的形式主要包括颗粒氮和以硝态氮与铵态氮为主的有效氮。农田氮素的流失主要是因为灌溉形成的径流以及土壤水分的下渗。根据以往的研究表明,我国氮肥的利用率在 30%~35% 之间(李淑芬等,2003),也就是说氮肥流失率为 65%~70%,其中因为淋溶作用损失 10.84%(傅建伟等,2010),渗透损失率为 20%~40%(杜军等,2011)。多数研究过程中一般取氮肥施用总量的 5%~15% 作为因淋溶作用而损失的氮量（何浩等，2010；赵伟等，2010；韩晓增等，2003）。这里依据河西地区的土壤特性、化肥施用量、降水量等综合要素，并参考相关文献（Chapagain et al.，2006），取 10% 作为作物的氮肥淋失率（秦丽杰等，2012；曹连海等，2014；傅建伟等，2010）。

同时，因为研究区位于西北内陆干旱半干旱区，以灌溉农业为主，较少形成地表径流，本书主要采用《地下水质量标准（GB/T 14848—93）》中Ⅲ类标准以及《农田灌溉水质标准（GB 5084—2005）》的规定：硝酸盐（以 N 计）小于 0.02 g/L，农田灌溉用水的矿化度一般不应高于 1.7 g/L（国家技术监督局，1993）。综合上述两种标准，选择 $C_{max}=1.7$ g/L，氮的环境本底浓度假设为 0，灰水的具体计算见式（2-9）（张元禧等，1998）：

$$GWF=\frac{\partial \times AR}{C_{max}-C_{nat}} \qquad (2-9)$$

式中，GWF 为灰水足迹，m^3；AR 为氮肥折纯量，kg；∂ 为氮肥淋失率，%；C_{max} 为氮肥的最大环境允许浓度，kg/m^3；C_{nat} 为污染物在水体中的初始浓度，kg/m^3。

第二节　基于水资源压力指数的作物需水量核算方法

作物单位水资源消费量对水资源匮乏区所造成的影响大于水资源富足区，仅单纯考虑量的计算并不能深刻反映区域的水资源状况，为了有效评估不同区域水资源短缺程度，本书采用了水资源压力指数的概念。水资源压力指数的概念是在水资源压力（WTA）的基础上形成的，水资源压力一般定义为年总淡水资源取用量与可用淡水资源量的比值，其中中等压力和严重压力状况的阈值分别为 20% 和 40%（Vorosmarty et al.，2000；Alcamo et al.，2000）。

为了计算 WSI，Pfister 等（2009）将 WaterGAP2（Alcamo et al.，2003）全球模型引入全球水资源压力指数的具体计算过程中，首先计算了全球范围内近 10 000 个流域的 WTA 值。该模型由水文和社会经济两部分组成，包括流域 m 年可用淡水资源量（WA_m）和各用水主体 n 的淡水资源取用量（WU_{mn}）：

$$WTA_m=\frac{\sum WU_{mn}}{WA_m} \qquad (2-10)$$

式中，WTA_m 为流域 m 的淡水资源取用量与可用淡水资源量的比值；n 为用水主体类别，包含农业、工业和生活用水。

在模型 WaterGAP2 中，可用淡水资源量是基于气候平稳期（1960—1990

年）的年均值（Alcamo et al.，2003）。但是，如果没有充足的水资源储备或者储备水资源量蒸发损失过大，月度或年度内降水变化可能会导致特定时期内水资源压力的变化，且这一时段水资源压力的增加并不会在水资源压力相对较小时得到抵消（Alcamo et al.，2000）。为了精确表示增加的有效水资源压力，在模型中引入一个变量要素（VF）对 WTA 进行修正，并用 Nilsson 等（2005）定义的强调节径流概念（strongly regulated flows，SRF）来区分不同的流域特征。对于有径流调节措施的流域，存储结构在很大程度上可以削弱降水变化所造成的影响，但同时也会引起蒸发损耗的增加。综上所述，为了使评估更合理，引入一个矫正因子即 $\sqrt{VF}$：

如果流域存在 SRF 则

$$WTA^\nabla = \sqrt{VF} \times WTA \qquad (2-11)$$

如果流域不存在 SRF 则

$$WTA^\nabla = VF \times WTA \qquad (2-12)$$

式中，WTA^∇ 为修正后的水资源压力指标，VF 由降水分布的标准差来计算。笔者分析了全球气候数据集 CRUTS2.0（Mitchell et al.，2005）提供的月度及年度降水数据，并检验这些数据正态分布的适用性。对于月度降水数据，用 Kolmogorov - Smirnov 检验的结果显示，61% 的栅格倾向于对数正态分布而仅仅是正态分布，并且 90% 的栅格变差系数大于 0.85。对于年度降水数据，McMahon 等（2007）调查了全球范围内 1 221 条不受干扰的河流发现，对数正态分布的适应性优于正态分布。因而，VF 因子是在假设数据存在对数正态分布的前提下，综合考虑气候稳定期（1961—1990 年）内降水情况（Mitchell，2005），一种度量月度降水和年度降水标准差分散特征的综合指标：

$$VF = e^{\left[\ln(P^\nabla_{month})^2 + \ln(P^\nabla_{year})^2\right]^{\frac{1}{2}}} \qquad (2-13)$$

式中，P^∇_{month} 和 P^∇_{year} 分别为月度和年度降水量的标准差。

为了得到 WTA^∇，需要首先计算每个单元格 i 的 VF_i，并将流域尺度每个单元格 VF_{ws} 值进行综合，然后将每个单元格 i 的平均降水量作为权重进行计算：

$$VF_{ws} = \frac{\sum_{i=1}^{k} VF_i \times P_i}{\sum P_i} \qquad (2-14)$$

式中，VF_{ws} 为流域尺度的变差因子；P_i 为栅格 i 的年均降水量。

从 WTA^∇ 的定义和算法可以看出，水资源压力并不是线性的，所以为了使水资源压力指数在 0.01～1 之间连续，按照 Logistic 函数对水资源压力指数进行调整（Ridoutt et al.，2010）：

$$WSI = \frac{1}{1+e^{-6.4WTA^{\nabla}\left(\frac{1}{0.01}-1\right)}} \qquad (2-15)$$

水资源压力指数的上下限为 0.01～1，压力程度分为 5 个等级，包括极端型（WSI＞0.9），严重型（WSI≤0.9），压力型（WSI≤0.5），一般型（0.1≤WSI＜0.5）和低值型（WSI＜0.1）。

鉴于数据的可获取性和区域的具体情况，这里直接采用 Pfister 等（2009）所计算的全球 0.5°空间分辨率下的 WSI 值，河西分流域 WSI 值直接通过其行政边界内各栅格的 WSI 均值得到。为了突出区域差异性，对全球范围内不同区域尺度下的水资源压力值进行了对比，如表 2-1 所示。河西地区水资源压力较大，已经接近极限值 1，区域内部各流域水资源压力指数也较大，但流域间也存在一定差异性，其中石羊河流域、黑河流域 WSI 值已经达到极限，疏勒河流域水资源压力则相对较小。

表 2-1　全国尺度 WSI 对比

（徐长春等，2013）

区域	WSI
石羊河流域	1
黑河流域	1
疏勒河流域	0.924
河西	0.97
甘肃	0.891
全国	0.478
全球	0.602

同时，基于水足迹的视角，因为作物蓝水需求量也即灌溉需水量是对水资源的直接占用，对环境产生直接的影响，而作物绿水消耗量是一种对环境无害的水资源利用方式，所以本书为了便于评估和比较不同区域作物水资源利用对环境所造成的不同影响，将通过计算得到的河西 WSI 值作为权重，用不同作物的蓝水需水量乘以特定区域 i 的水资源压力指数进行量化。该计算结果实质是一种水资源消耗的区域可比值，即可比耗水量，所以书中出现的耗水量概念与以往理解的作物水资源消耗量有很大不同，均是经过此种运算的可比作物耗水量，是一种包含区域差异和环境影响的需水指标，且从环境和不同用水主体的角度来看，水资源消耗也是一种资源掠夺，所以在很多英文文献中可比耗水

量被译为"water deprivation",即水资源掠夺量（Gheewala et al.，2014），具体计算方法如下：

$$water\ deprivation_i = WF_{blue,i} \times WSI_i \qquad (2-16)$$

$$V_i = \frac{WF_{blue,i} \times WSI_i}{Y_i} \qquad (2-17)$$

式中，V_i 为 i 区域不同农作物种类的单位耗水量，m³/kg；Y_i 为 i 区域作物的亩产，kg。计算耗水值的优势在于方便决策者将河西地区不同作物水资源消耗的影响与其他区域进行对比，突出区域水资源特征。较低的水耗意味着与其他水资源利用主体或其他区域存在相对较弱的水资源力，水资源的消费对环境和生态的影响较小。

第三节　数据来源

河西地区分流域 10 种主要作物面积和产量数据来源于《甘肃农村年鉴（1992—2014 年)》；河西地区分作物总化肥施用实物量以及氮肥折纯量数据，来自《甘肃农村年鉴（1992—2014 年)》和《全国农产品成本收益资料汇编（1992—2014 年)》甘肃部分。

春小麦、玉米、薯类（马铃薯）、棉花、胡麻、苹果、葡萄、瓜类作物的 K_C 系数参照佟玲等（2007，2009）的研究成果，油菜作物 K_C 系数用胡麻替代，蔬菜作物系数参照 FAO 数据库中（推荐的 84 种作物系数）的蔬菜作物，并根据实际种植情况加以调整。

气象数据来源于中国气象数据网，以行政单元为界，选取了河西范围内主要气象站点 1991—2013 年逐月气象数据，共包含 14 个站点信息，其中石羊河流域主要包括永昌、武威、民勤、乌鞘岭 4 个气象站点，黑河流域主要有山丹、张掖、高台、鼎新、金塔、酒泉、梧桐沟 7 个站点，疏勒河流域包括马鬃山、安西、敦煌、玉门镇 4 个气象站点，具体情况见表 2-2。流域尺度的气候因子数据取各自范围内所有气象站点的平均值，从而得出 1991—2013 年流域尺度所需的历年气候指标，包括各作物类型生育期内的平均最高气温、平均最低气温、平均气温、相对湿度、日照时数、平均风速、平均降水量等气候要素。

表 2-2　河西气象站点信息

站号	站名	经度（°）	纬度（°）	海拔（m）
52674	永昌	101.97	38.23	1 976.9
52679	武威	102.67	37.92	1 531.5

（续）

站号	站名	经度（°）	纬度（°）	海拔（m）
52681	民勤	103.08	38.63	1 367.5
52787	乌鞘岭	102.87	37.20	3 045.1
52788	松山	103.5	37.12	2 726.6
52446	鼎新	99.52	40.30	1 177.4
52447	金塔	98.9	40.0	1 270.5
52533	酒泉	98.48	39.77	1 477.2
52546	高台	99.83	39.37	1 332.2
52652	张掖	100.43	38.93	1 482.7
52661	山丹	101.08	38.80	1 764.6
52441	梧桐沟	98.62	40.72	1 591.0
52323	马鬃山	97.03	41.80	1 770.4
52418	敦煌	94.68	40.15	1 139.0
52424	安西	95.77	40.53	1 170.9
52436	玉门镇	97.03	40.27	1 526.0

数据来源：中国气象数据网。

第四节　作物蒸散量时间序列分析

用线性回归分析法对河西不同流域作物蒸散量（ET_C）时间序列变化进行线性倾向性分析，用变差系数（Coefficient of variation，CV）表示作物蒸散量年际变化的离散程度，用时间序列距平值判断时间节点和异常值。

作物 ET_C 线性倾向率通过最小二乘法得到，是作物蒸散量和时间序列通过线性回归所得的系数，这里直接借助 Eviews 软件进行线性回归分析，具体计算公式为：

$$b = \frac{\sum\limits_{j=1}^{n}(x_j t_j) - \dfrac{1}{n}\left(\sum\limits_{j=1}^{n} x_j\right)\left(\sum\limits_{j=1}^{n} t_j\right)}{\sum\limits_{j=1}^{n} t_j^2 - \dfrac{1}{n}\left(\sum\limits_{j=1}^{n} t_j\right)^2} \qquad (2-18)$$

式中，b 为作物蒸散量的线性倾向率；x_j 为第 j 年作物 x 的蒸散量；t_j 为第 j 年对应的时间；n 为时间序列样本量。

变差系数的计算公式如下：

$$CV = S/x = \frac{1}{x}\sqrt{\frac{\sum_{x=1}^{n}(x_j - \overline{x})^2}{n}} \qquad (2-19)$$

式中，CV 为变差系数；S 为标准差；x_j 为作物 x 第 j 年的 ET_C 值；$\overline{x}$ 为作物蒸散量的时间序列均值；n 为样本量。其中，CV 值越大表示时间序列的离散程度越大，波动性越强；反之数据序列越平稳，波动性越弱。

根据 3 个流域 ET_C 时间序列变化特征以及不同时间段的距平值，对近 25 年作物 ET_C 时间序列变化做分阶段研究。

一、石羊河流域作物蒸散量时间序列分析

依据石羊河流域 ET_C 时间序列变化趋势（图 2-2）和距平值（表 2-3），发现多数作物 ET_C 时序变化以 2004 年为节点，分为 1991—2003 年和 2004—2013 年两个时间段，2004 年以前各种作物的 ET_C 距平值大多为负，2004 年之

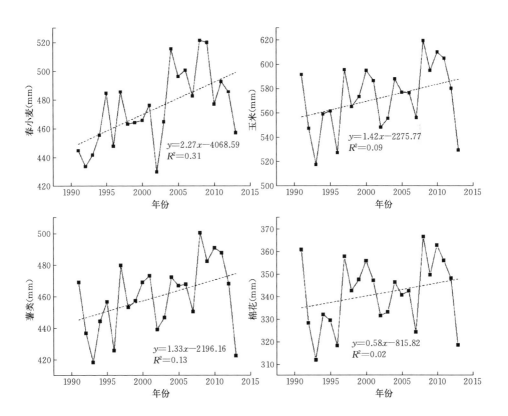

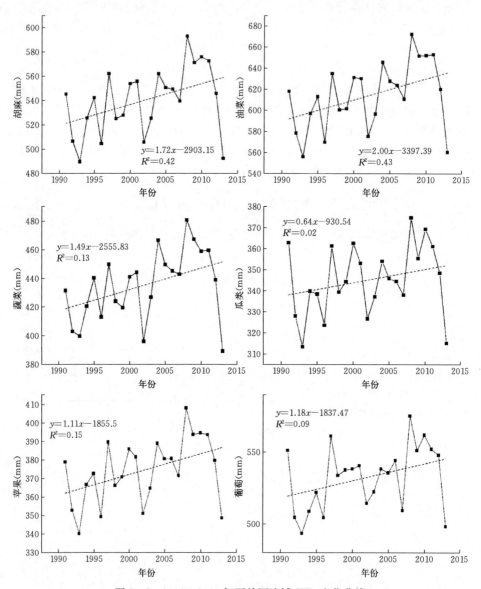

图 2-2 1991—2013 年石羊河流域 ET_C 变化曲线

后多为正。由 1991—2013 年近 25 年时间序列变化曲线（图 2-2）可知，玉米、棉花、瓜类和苹果的整体波动形态呈现相似性，薯类、胡麻、油菜、蔬菜和葡萄之间呈现相似性，春小麦的波动曲线则相对独立，且以 2004 年为分界点的阶段性特征显著。石羊河流域主要作物线性倾向率均为正，不同作物的蒸散量均随时间变化逐渐升高，但幅度存在差别。春小麦和油菜 ET_C 随时间变化较快，棉花、瓜类较慢，且春小麦、玉米、马铃薯、棉花、胡麻、油菜、蔬菜、瓜类、苹果、葡萄 10 种作物潜在蒸散量每 10 年分别增加 22.7 mm、14.2 mm、13.3 mm、5.8 mm、17.2 mm、20.0 mm、14.9 mm、6.4 mm、11.1 mm 和 11.8 mm。由变差系数（表 2-3）可知，近 25 年 10 种作物的波动性差别不大，但油料作物和蔬菜作物的年际波动相对较大。

表 2-3　石羊河流域分作物 ET_C 线性倾向率、变差系数、距平区间对比

作物	1991—2013 年			1991—2003 年			2004—2013 年		
	距平区间	线性倾向率	变差系数	距平区间	线性倾向率	变差系数	距平区间	线性倾向率	变差系数
小麦	−44～45	2.269	0.054	−44～11	1.344	0.038	−17～45	−3.986	0.039
玉米	−45～47	1.423	0.046	−45～23	1.275	0.042	−42～47	−1.344	0.043
薯类	−41～41	1.327	0.047	−41～20	1.100	0.040	−37～41	−1.434	0.045
棉花	−29～25	0.578	0.044	−29～19	0.679	0.043	−23～25	−0.201	0.042
胡麻	−51～53	1.719	0.050	−51～22	1.200	0.041	−48～53	−2.759	0.047
油菜	−58～58	2.004	0.051	−58～21	1.445	0.040	−54～58	−3.476	0.047
蔬菜	−46～46	1.493	0.055	−39～15	0.806	0.040	−46～46	−4.122	0.052
瓜类	−32～30	0.637	0.044	−32～30	0.521	0.091	−30～30	−1.051	0.046
苹果	−34～34	1.114	0.046	−34～15	0.781	0.040	−26～34	−1.516	0.040
葡萄	−39～43	1.184	0.041	−39～29	1.188	0.037	−34～43	−0.626	0.041

阶段性分析结果显示（表 2-3），1991—2003 年 10 种作物 ET_C 的线性倾向率均为正，增加幅度较大的是粮食作物（春小麦、玉米）、薯类、油料作物（胡麻、油菜）和葡萄，每 10 年增加 10 mm 以上，其余作物增加量均低于 10 mm。瓜类的 ET_C 波动较大，CV 为 0.091，其余作物之间差异不显著。

2004—2013 年所有作物的 ET_C 均随时间变化逐年下降，且下降速度大于 1991—2003 年间的增加速率，ET_C 随时间下降较快的作物为蔬菜、春小麦、胡麻、油菜，每 10 年分别减少 41 mm、40 mm、35 mm、28 mm，棉花和葡萄的 ET_C 下降速率较慢，每 10 年的减少量在 10 mm 以下。10 种作物的波动幅度差异不大，CV 基本都在 0.04～0.05 之间。

1991—2013 年 10 种作物类型 ET_C 在整体保持上升趋势的基础上，两个时期内，均呈现先缓慢上升，然后以稍快速度下降的变化趋势，其中粮食作物（春小麦、玉米）、油料作物、蔬菜和薯类作物的上升和下降速度均较快，棉花和葡萄的两种变化趋势均不明显。两个时期内，除棉花和瓜类外，其余作物类型的变化率均呈现由小变大趋势，波动性逐渐增强。

二、黑河流域作物蒸散量时间序列分析

由图 2-3 和表 2-4 可知，黑河流域主要作物 ET_C 随时间均呈上升趋势，且阶段性特征明显，以 2004 年为分界点分为两个显著的波动阶段，除春小麦外，其他作物的 ET_C 波动曲线存在整体一致性，变化特征相似。1991—2013 年作物 ET_C 随时间上升较快的是玉米、油菜、胡麻和葡萄，分别为每 10 年增加 47 mm、41 mm、38 mm 和 52 mm；上升相对较慢的为春小麦和苹果，分别为每 10 年增加 26 mm 和 28 mm。通过变异系数可知，1991—2013 年棉花、葡萄和瓜类作物的潜在蒸散量随时间波动较大，其他作物之间差别不大。

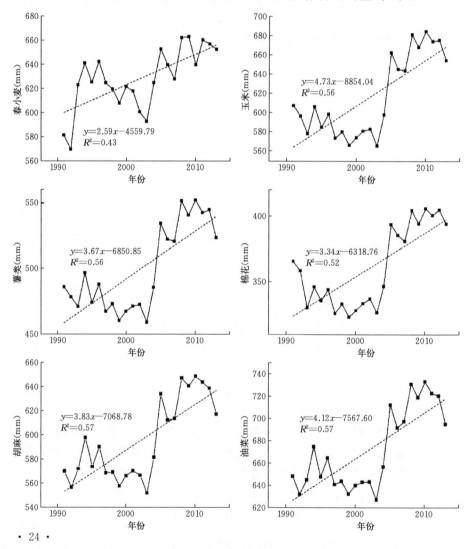

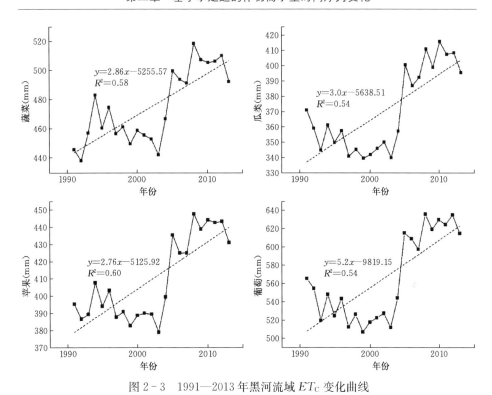

图 2-3 1991—2013 年黑河流域 ET_C 变化曲线

表 2-4 黑河流域分作物 ET_C 线性倾向率、变差系数、距平区间对比

作物	1991—2013 年			1991—2003 年			2004—2013 年		
	距平区间	线性倾向率	变差系数	距平区间	线性倾向率	变差系数	距平区间	线性倾向率	变差系数
小麦	−60~36	2.592	0.04	−60~−3	0.736	0.034	−0.3~36	1.587	0.018
玉米	−51~64	4.731	0.067	−51~−9	−1.616	0.023	27~64	2.021	0.021
薯类	−40~53	3.671	0.064	−40~−3	−1.074	0.022	21~53	1.113	0.022
棉花	−34~45	3.337	0.084	−34~−2	−1.575	0.036	25~45	1.666	0.021
胡麻	−42~56	3.827	0.056	−42~3	−0.645	0.02	18~56	1.069	0.022
油菜	−47~58	4.117	0.053	−47~3	−0.657	0.02	19~58	1.357	0.021
蔬菜	−37~43	2.863	0.052	−37~8	0.021	0.025	16~43	0.62	0.017
瓜类	−31~45	3.002	0.071	−31~1	−1.178	0.026	16~45	1.301	0.022
苹果	−30~38	2.765	0.057	−2~−30	−0.519	0.019	16~38	1.153	0.018
葡萄	−58~70	5.202	0.082	−58~0	−2.161	0.032	32~70	2.083	0.019

1991—2004 年黑河流域多数作物 ET_C 距平值为负，ET_C 的突变性在河西三大流域中最为显著，以 2004 年为突变年份。除春小麦和瓜类作物外，其他

作物的线性倾向率均为负值，ET_C 随时间变化呈下降趋势，且作物之间线性倾向率相差较大，玉米、薯类、棉花、胡麻、油菜、蔬菜、苹果和葡萄每 10 年作物蒸散量分别下降 16 mm、11 mm、16 mm、6 mm、7 mm、12 mm、5 mm 和22 mm，春小麦 ET_C 随时间每 10 年增加 74 mm。根据 1991—2004 年作物 ET_C 变差系数，10 种作物的 ET_C 波动幅度差异性不显著。

2005—2013 年所有作物的距平值均为正，潜在蒸散量均高于平均值，线性倾向率也都为正，作物 ET_C 随时间变化均呈上升趋势，其中玉米和葡萄作物上升幅度较大，分别为每 10 年增加 20 mm 和 21 mm，蔬菜和薯类作物 ET_C 每 10 年增加量相对缓慢，分别为 6 mm 和 11 mm。在两个时期内，多数作物 ET_C 的波动存在减小的趋势。

三、疏勒河流域作物蒸散量时间序列分析

由图 2-4 和表 2-5 可知，整体上 1991—2013 年疏勒河流域作物 ET_C 随时间均呈上升趋势，油菜 ET_C 的线性倾向率最大，每 10 年增加 30 mm，春小麦、玉米、薯类、棉花、胡麻、蔬菜、瓜类、苹果和葡萄的 ET_C 随时间每 10 年分别增加 24 mm、28 mm、23 mm、16 mm、27 mm、30 mm、24 mm、17 mm、19 mm 和 25 mm。10 种作物 ET_C 的波动性相似，变差系数均位于 0.035～0.042 之间。

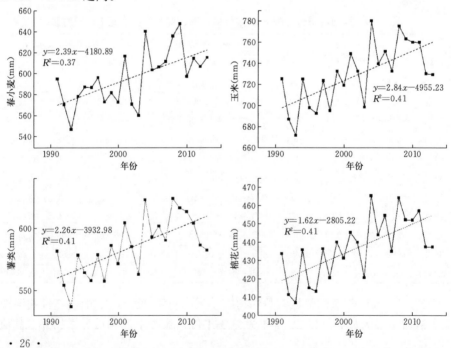

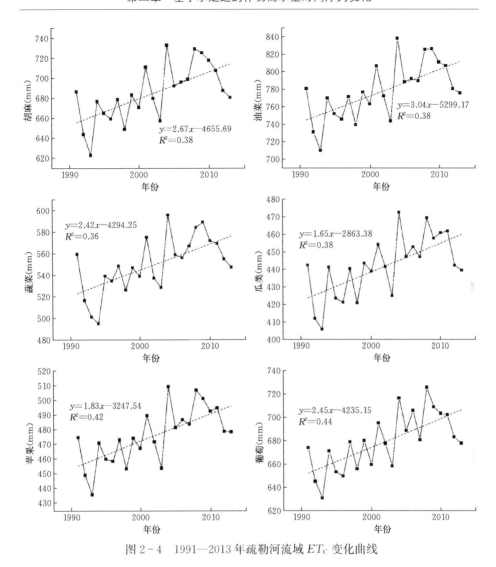

图 2-4 1991—2013 年疏勒河流域 ET_C 变化曲线

表 2-5 疏勒河流域分作物 ET_C 线性倾向率、变差系数、距平区间对比

作物	1991—2013 年			1991—2003 年			2004—2013 年		
	距平区间	线性倾向率	变差系数	距平区间	线性倾向率	变差系数	距平区间	线性倾向率	变差系数
小麦	−36~51	2.389	0.042	−36~20	0.174	0.029	1~51	−1.154	0.026
玉米	−58~51	2.839	0.039	−58~20	2.372	0.03	0~51	−2.484	0.023
薯类	−31~39	2.257	0.039	−31~19	1.837	0.029	−3~39	−2.033	0.024

（续）

作物	1991—2013 年			1991—2003 年			2004—2013 年		
	距平区间	线性倾向率	变差系数	距平区间	线性倾向率	变差系数	距平区间	线性倾向率	变差系数
棉花	−30～29	1.62	0.037	−30～8	1.44	0.029	−2～29	−1.495	0.023
胡麻	−62～48	2.668	0.04	−62～26	2.008	0.032	−4～48	−2.379	0.025
油菜	−68～60	3.036	0.041	−68～28	2.163	0.032	−2～60	−2.911	0.025
蔬菜	−55～46	2.42	0.047	−55～26	1.937	0.04	−2～46	−2.297	0.027
瓜类	−36～31	1.651	0.039	−36～12	1.471	0.032	−2～31	−1.574	0.022
苹果	−40～33	1.86	0.039	−40～14	1.195	0.029	2～33	−1.416	0.022
葡萄	−48～47	2.455	0.035	−48～16	1.932	0.025	−1～47	−2.16	0.022

1991—2004 年 10 种作物的 ET_C 随时间变化逐渐增加，其中玉米、油菜、胡麻的线性倾向率较大，每 10 年作物潜在蒸散量分别增加 24 mm、22 mm、20 mm，春小麦线性倾向率最小，ET_C 每 10 年仅增加 2 mm，10 种作物的变差系数差异不显著。

2005—2013 年所有作物 ET_C 线性倾向率均为负，10 种作物 ET_C 随时间逐年降低，油菜、玉米、胡麻、蔬菜、葡萄每 10 年下降幅度较大，分别为 29 mm、25 mm、24 mm、23 mm、22 mm，春小麦 ET_C 每 10 年仅下降 12 mm，10 种作物的变差系数差异仍较小。

研究期内两个时间段，10 种作物的变差系数均表现出减小的趋势，2005—2013 年作物 ET_C 的波动性相较 1991—2004 年有所减弱。1991—2013 年 10 种作物 ET_C 均呈现出先增加后减少的整体变化趋势。

第五节　作物总耗水量时间序列变化

一、石羊河流域分作物总耗水量时序分析

由图 2-5 可知，1991—2013 年石羊河流域作物总耗水量随时间呈波动上升的趋势。由 10 种作物耗水量占比随时间变化情况可知，1991—2013 年春小麦耗水量在所有作物中占绝对优势，达到 50% 以上，但占比逐年下降。玉米和蔬菜作物总耗水量占比逐年增加，近两年玉米总耗水量所占比重已经超越春小麦，成为主要耗水作物（34%），其次是蔬菜作物（23%）。油料作物（胡麻、油菜）和苹果总耗水量占比在波动中呈下降趋势，葡萄、棉花和瓜类作物总耗水量占比随时间逐渐增加，其中葡萄总耗水量占比随时间增加较快。

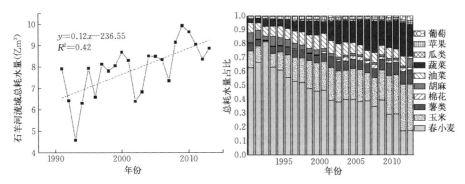

图 2-5　1991—2013 年石羊河流域总耗水量及各作物耗水量占比变化

　　石羊河流域 10 种作物耗水量随时间变化趋势如图 2-6 所示，除春小麦和胡麻随时间逐年下降外，其他几种作物总耗水量均呈上升趋势，但是上升幅度存在较大差异。玉米、薯类、棉花、蔬菜、葡萄的作物总耗水量上升趋势较显著，拟合优度分别达到 84%、77%、67%、96%、66%，每 10 年分别增加 10^8 m^3、3×10^7 m^3、10^7 m^3、10^8 m^3、9×10^6 m^3。油菜、苹果、瓜类作物总耗水量随时间变化波动较大，上升趋势不显著。

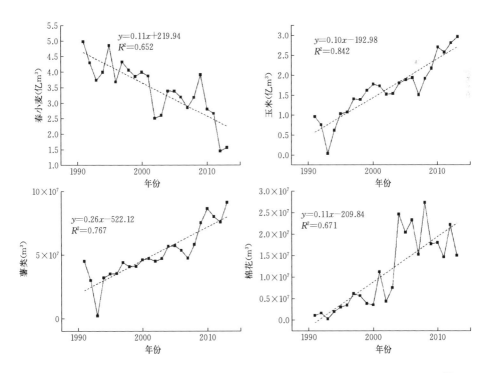

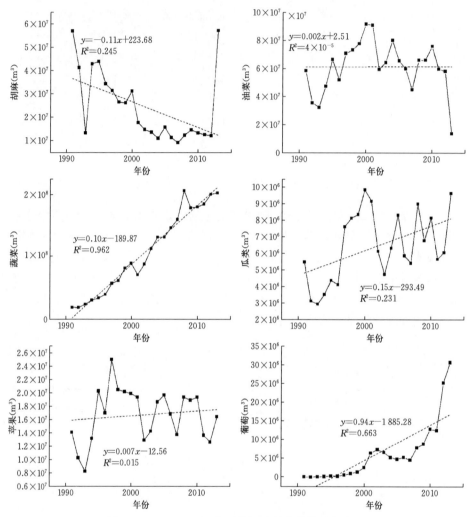

图 2-6　1991—2013 年石羊河流域分作物总耗水量

二、黑河流域分作物总耗水量时序分析

如图 2-7 所示，1991—2013 年黑河流域作物总耗水量随时间呈逐渐增加趋势，且曲线波动存在阶段性，1991—2002 年作物总耗水量呈波动下降趋势，2002—2013 年近 10 年间作物总耗水量呈现显著上升趋势。分作物耗水量占比时间序列变化特征表明，春小麦、棉花、薯类、蔬菜、瓜类、葡萄的作物总耗水量占比呈现逐年增加趋势，玉米、油料作物（胡麻、油菜）耗水量占比则逐

年降低。其中，春小麦下降趋势较为显著。2001 年以前，春小麦作物总耗水量占比最大，达到 36％以上，是主要耗水作物；2001 年之后，玉米则上升为主要耗水作物，占主导地位，近两年玉米总耗水量占比已达 40％。三大主要耗水作物分别为玉米、春小麦和蔬菜，3 种作物总耗水量已经占黑河流域农业总耗水量的 60％以上。

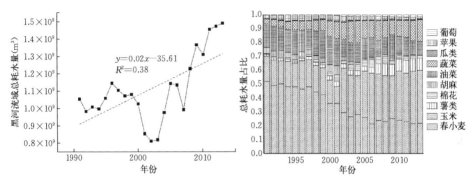

图 2-7　1991—2013 年黑河流域总耗水量及各作物耗水量占比变化

1991—2013 年分作物总耗水量时间序列变化曲线如图 2-8 所示，春小麦、胡麻、油菜、苹果总耗水量随时间均呈下降趋势，其中，春小麦和胡麻变化趋势通过显著性检验，拟合优度分别达到 0.586、0.689，每 10 年耗水量分别下降 10^8 m^3、2×10^7 m^3。油菜总耗水量随时间波动较大，下降趋势不显著。玉米、马铃薯、棉花、蔬菜、瓜类、葡萄的作物总耗水量随着时间逐渐上升，且通过显著性检验，拟合优度分别为 0.791、0.799、0.497、0.926、0.403、0.829，作物总耗水量每 10 年分别增加 2×10^8 m^3、6×10^7 m^3、18×10^6 m^3、8×10^7 m^3、10^6 m^3、12×10^6 m^3。

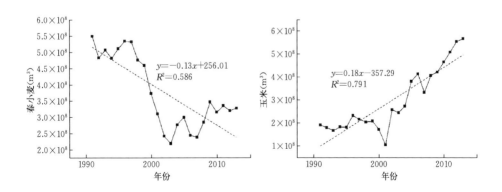

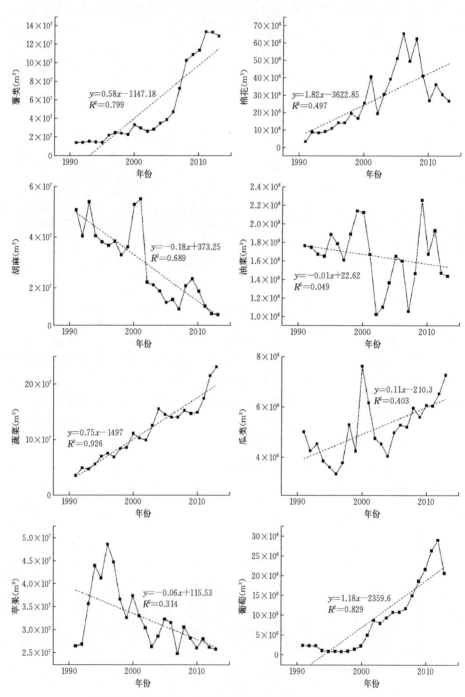

图 2-8 1991—2013 年黑河流域分作物总耗水量

三、疏勒河流域分作物总耗水量时序分析

如图 2－9 所示，1991—2013 年疏勒河流域作物总耗水量随时间呈上升趋势，同时也表现出阶段性特征，1991—2003 年，作物总耗水量在波动中逐年下降，2004—2013 年又呈上升趋势，且趋势性显著。分作物总耗水量占比随时间变化情况如图 2－9 所示，1991—2013 年粮食作物（春小麦和玉米）、油料作物（胡麻和油菜）、苹果总耗水量占比随时间减少，其余作物总耗水量占比则呈增加趋势。2000 年以前，春小麦是主要耗水作物，总耗水量占比均在 30％以上，随后耗水占比大幅下降，目前所占比例不足 12％；而棉花占比在 1991—2008 年迅速上升，最高达 50％，2000 年以后成为主要耗水作物，虽近年耗水所占比重有所降低，但目前占比仍仅次于蔬菜作物。研究期内蔬菜作物总耗水占比增加趋势也尤为显著，从 1991 年的不足 4％增加至 29％，成为疏勒河流域的主要耗水作物。

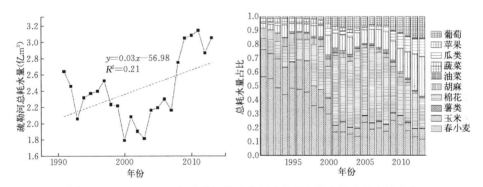

图 2－9　1991—2013 年疏勒河流域总耗水量及各作物耗水量占比变化

如图 2－10 所示，1991—2013 年疏勒河流域春小麦、玉米、胡麻和苹果总耗水量呈显著下降趋势，每 10 年分别减少 4.2×10^7 m³、1.8×10^7 m³、5.8×10^6 m³ 和 3.8×10^6 m³，拟合优度均达 50％以上，其中苹果总耗水量随时间下降趋势最为显著，拟合优度高达 88％。薯类、棉花、油菜、蔬菜、瓜类和葡萄的作物总耗水量随时间逐年上升，每 10 年分别增加 6.4×10^5 m³、3.7×10^7 m³、1.3×10^6 m³、2.6×10^7 m³、1.4×10^7 m³ 和 2.1×10^7 m³。除油菜外，其他作物总耗水量时间序列趋势均通过显著性检验，油菜总耗水量随时间波动较大，趋势不显著。

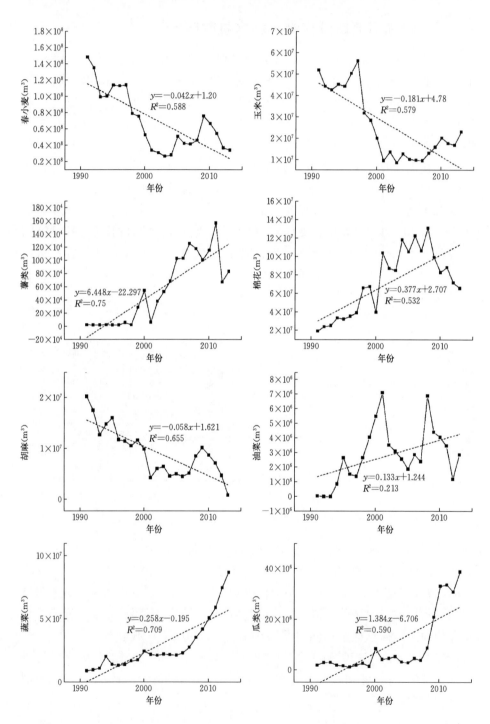

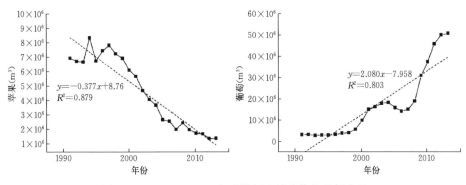

图 2-10 1991—2013 年疏勒河流域分作物总耗水量

第六节 作物总灰水需求量时间序列分析

一、石羊河流域作物总灰水需求量时间序列分析

如图 2-11 所示，石羊河流域主要作物灰水需求总量在研究期内逐年增加，线性拟合方程显示，上升趋势显著，拟合优度高达 94%，灰水总量从 1991 年的 1.02×10^8 m³ 增加为 2013 年的 3.45×10^8 m³。相比作物总耗水量变化，总灰水需求量时间序列变化上升趋势更为显著，增加较快，每 10 年总灰水需求量增加约 10^8 m³。不同作物总灰水需求量占比时序变化结果显示，2007 年以前春小麦一直是总灰水需求量最大的作物，占比均在 24% 以上，尤其是 1991—2000 年占比均在 35% 以上，但其占比随时间下降速度也较快，从 1991 年的 60.45% 降低为 2013 年的 10.43%；玉米曾是仅次于春小麦的灰水需求量最大的作物，在研究期内玉米总灰水需求量呈显著上升趋势，从 1991 年的 13.27% 增加为 2013 年的 30.65%，已经成为最主要的灰水需求作物。蔬菜作物总灰水需求量研究期内增加也较快，从 1991 年的 3.5% 增加为 2013 年的 24.8%，成为仅次于粮食作物（春小麦、玉米）的第三大灰水需求作物；薯类、棉花、瓜类、葡萄的作物总灰水需求量表现出不显著的上升趋势，占比分别从 1991 年的 4.4%、0.38%、2.1%、0.07% 增长为 2013 年的 6.9%、4.4%、3.4%、9.4%；胡麻、油菜、苹果总灰水需求量表现出不显著的下降趋势，占比分别从 1991 年的 2.8%、5%、8.0% 减少为 2013 年的 1.9%、1.9% 和 7.4%。2013 年作物总灰水需求量占比排序为玉米＞蔬菜＞春小麦＞葡萄＞苹果＞薯类＞棉花＞瓜类＞胡麻＞油菜。

如图 2-12 所示，1991—2013 年石羊河流域 10 种主要作物总灰水需求量时间序列变化曲线表明，春小麦和胡麻总灰水需求量随时间呈减少趋势，每

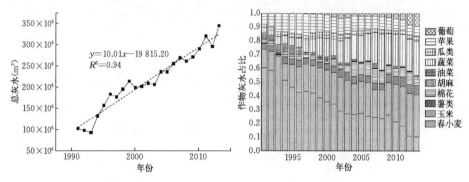

图 2-11 1991—2013 年石羊河流域总灰水需求量及各作物灰水占比变化

10 年分别减少 0.9×10^7 m^3、0.3×10^6 m^3，玉米、薯类、棉花、油菜、蔬菜、瓜类、苹果、葡萄的作物总灰水需求量均呈现上升趋势，每 10 年分别增加 3.7×10^7 m^3、7.9×10^6 m^3、1.2×10^7 m^3、0.2×10^7 m^3、3.8×10^7 m^3、2.8×10^6 m^3、0.4×10^7 m^3、9.7×10^6 m^3。其中，玉米、薯类、棉花、蔬菜的作物总灰水需求量随时间上升趋势较为显著，波动相对较小，油菜、瓜类、玉米、葡萄的作物总灰水需求量则随时间波动较大。2013 年石羊河流域主要的灰水需求作物依次为玉米、蔬菜、春小麦、葡萄。整体上，1991—2013 年近 25 年间大部分作物的灰水总需求量均呈增加的趋势。

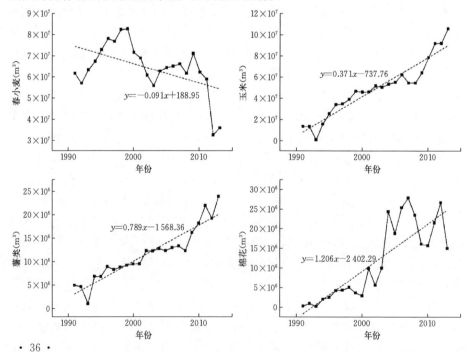

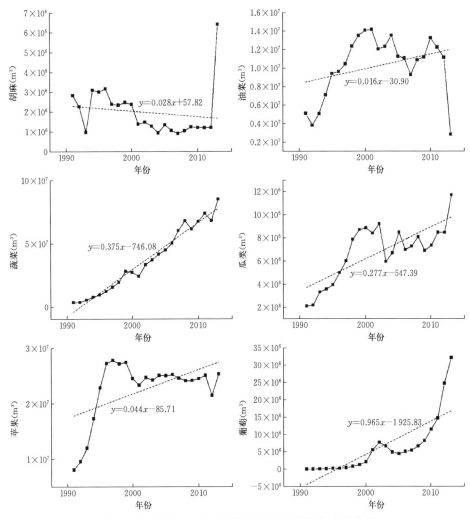

图 2-12　1991—2013 年石羊河流域分作物灰水需求量

二、黑河流域作物总灰水需求量时间序列分析

如图 2-13 所示，1991—2013 年黑河流域主要作物灰水需求量呈现出稳定增长的趋势，线性拟合优度 $R^2 = 0.92$，趋势性显著，灰水总需求量从 1991 年的 2.09×10^8 m³ 迅速增加，平均每 10 年增长 8.2×10^7 m³，截至 2013 年已经达到 3.64×10^8 m³。由不同作物灰水总需求占比变化可知，1991—2001 年春小麦是灰水需求占比最大的作物，玉米次之。其中，春小麦灰水总需求量随

时间表现出显著的下降趋势，截至 2013 年占比已经从 1991 年的 42.40％下降为 13.66％；而玉米灰水总需求量则随时间显著上升，从 1991 年的 23.49％增加为 2013 年的 38.12％，超过春小麦成为最主要的灰水需求作物；研究期内薯类、葡萄、蔬菜的作物灰水总需求量表现出上升趋势，占比分别从 1991 年的 1.2％、5.8％、0.59％增加为 2013 年的 5.99％、20.02％、4.06％，其中蔬菜作物灰水总需求量占比增长趋势最为显著，已经成为第二大灰水需求作物；胡麻、油菜、苹果灰水总需求量呈不显著的下降趋势，占比分别从 1991 年的 2.1％、13.13％、8.6％降低为 2013 年的 0.22％、5.78％、6.59％；棉花灰水总需求量变化趋势不明显，阶段性特征显著，1991—2007 年呈明显的上升趋势，占比从 0.96％增长为 12.89％，随后又逐渐下降，截至 2013 年占比减少为 4.16％。2013 年分作物灰水总需求量占比排序为玉米＞蔬菜＞春小麦＞苹果＞薯类＞油菜＞棉花＞葡萄＞瓜类＞胡麻。

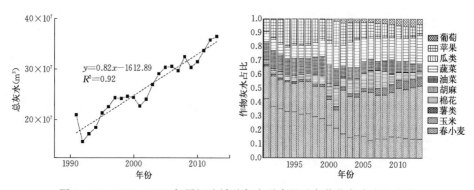

图 2-13　1991—2013 年黑河流域总灰水需求量及各作物灰水占比变化

　　1991—2013 年，黑河流域分作物灰水需求量随时间变化趋势如图 2-14 所示，春小麦、胡麻、油菜和苹果灰水需求量随时间呈现降低的趋势，每 10 年灰水总需求量分别下降 0.2×10^8 m^3、1.4×10^6 m^3、0.05×10^7 m^3、0.3×10^7 m^3，其中春小麦、胡麻灰水需求量下降趋势较为显著，油菜和苹果灰水需求量随时间波动较大。玉米、薯类、棉花、蔬菜、瓜类、葡萄的作物灰水需求量随时间表现出上升趋势，每 10 年分别增加 4.5×10^7 m^3、9.6×10^6 m^3、1.1×10^7 m^3、2.6×10^7 m^3、0.9×10^6 m^3、8.6×10^6 m^3，其中玉米、蔬菜作物灰水需求量上升趋势较为显著。2000 年以前，春小麦是黑河流域灰水需求最多的作物，目前玉米以 1.39×10^8 m^3 的灰水消耗量成为最主要的灰水消耗作物，其次是蔬菜作物，胡麻和瓜类作物灰水需求量相对较少。

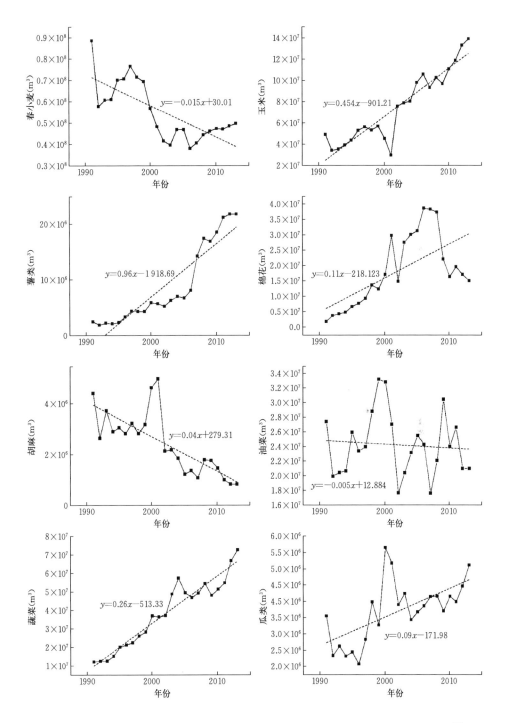

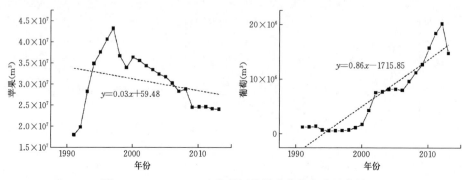

图 2-14　1991—2013 年黑河流域分作物灰水需求量

三、疏勒河流域作物总灰水需求量时间序列分析

如图 2-15 所示，疏勒河流域主要作物总灰水需求量在研究期内呈显著上升的趋势，拟合优度为 0.84，由线性拟合趋势可知，平均每 10 年总灰水需求量增加 3.75×10^7 m³，且时间序列波动较小。分作物总灰水需求量时间序列占比结果显示，1991—1997 年总灰水需求量占比最大的作物为春小麦，其次是棉花，但整个研究期内春小麦总灰水需求量占比随时间显著下降，从 1991 年的 45.28% 减少为 2013 年的 4.72%；棉花总灰水需求量占比在 1997 年之后一直为最大的，但变化趋势存在阶段性特征，1991—2006 年总灰水需求量占比增长最为迅速，从最初的 17.17% 增长为 2006 年的 64.48%，显著高于其他作物，2000—2013 年占比开始有所下降，到 2013 年减少为 25.64%，但仍然是主要的灰水需求作物；蔬菜、瓜类、葡萄的作物总灰水需求量占比在研究期内表现出显著的上升趋势，分别从 1991 年的 3.64%、1.61%、2.48%，增长为 2013 年的 21.3%、18.49%、24.36%。胡麻和苹果总灰水需求量占比时间序

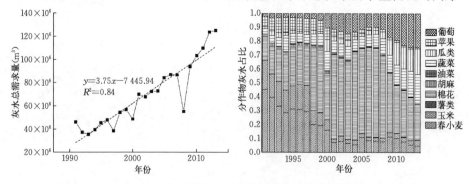

图 2-15　1991—2013 年疏勒河流域总灰水需求量及各作物灰水占比变化

列表现为显著的下降趋势，分别从 1991 年的 1.95% 和 6.97% 降低为 2013 年的 0.05% 和 0.93%。薯类作物总灰水需求量占比时间序列虽也呈现出显著的上升趋势，但占比较小，仅为 0.1%；油菜总灰水需求量占比研究期内波动较大。2013 年主要作物总灰水需求量占比排序为：棉花＞葡萄＞蔬菜＞瓜类＞春小麦＞玉米＞苹果＞油菜＞薯类＞胡麻。

1991—2013 年疏勒河流域分作物灰水需求量随时间变化情况如图 2-16 所示，粮食作物（春小麦、玉米）、油料作物（胡麻）和苹果的总灰水需求量均随时间呈显著的下降趋势，每 10 年分别减少 0.4×10^7 m³、2.4×10^6 m³、2.5×10^5 m³、1.6×10^6 m³。薯类、棉花、油菜、蔬菜、瓜类和葡萄的作物灰水需求量均随时间

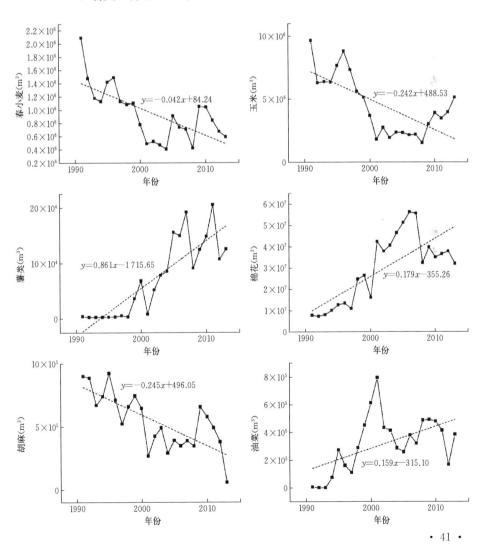

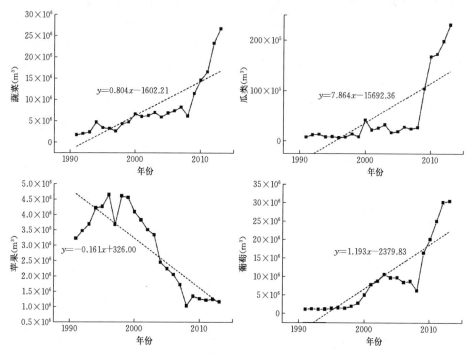

图 2-16 1991—2013 年疏勒河流域分作物灰水需求量

呈上升趋势，但不同作物上升幅度存在差异，每 10 年分别增加 8.6×10^4 m³、1.8×10^7 m³、1.6×10^5 m³、8×10^6 m³、7.9×10^6 m³、1.2×10^7 m³。

第七节　作物单位耗水量与单位灰水需求量时间序列对比分析

　　1991—2013 年石羊河流域作物单位耗水量和单位灰水需求量时间序列变化如图 2-17 所示，玉米、苹果单位耗水量呈现出显著的下降趋势，拟合优度分别为 $R^2 = 0.54$、$R^2 = 0.85$，单位耗水量分别从 1991 年的 0.81 m³/kg、2.97 m³/kg 减少为 2013 年的 0.36 m³/kg、0.18 m³/kg。春小麦、薯类、棉花、胡麻、油料、瓜类作物单位耗水量在研究期内也表现出下降趋势，但拟合趋势均不显著，分别从 1991 年的 0.92 m³/kg、1.20 m³/kg、2.55 m³/kg、3.48 m³/kg、3.91 m³/kg、0.05 m³/kg 降低为 2013 年的 0.65 m³/kg、0.51 m³/kg、0.92 m³/kg、1.63 m³/kg、1.59 m³/kg、0.03 m³/kg。蔬菜作物、葡萄单位耗水量时间序列波动性较大，趋势不明显，2013 年单位耗水量分别为 0.07 m³/kg、0.61 m³/kg。

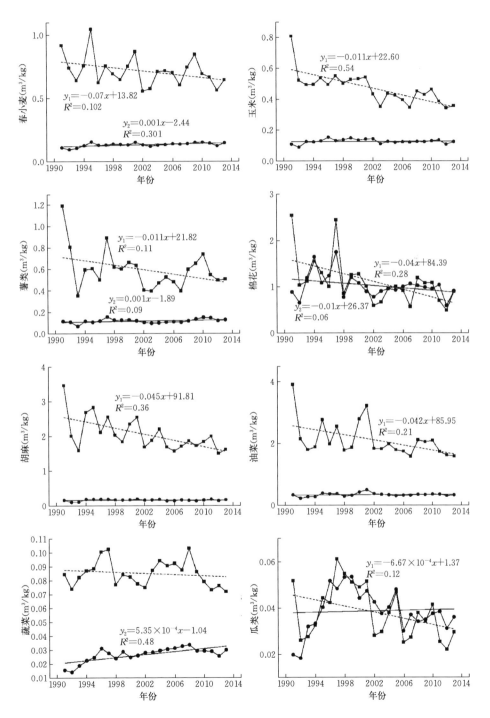

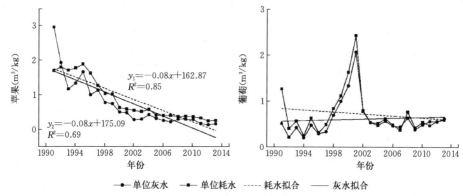

图 2-17　1991—2013 年石羊河流域作物单位耗水及灰水需求量时间序列变化

注：y_1 和 y_2 分别表示单位耗水量和单位灰水需求量的线性拟合方程，未列出方程的表示拟合不成功。

1991—2013 年蔬菜作物单位灰水需求量呈现显著的上升趋势，拟合优度 $R^2=0.48$，从 1991 年的 0.02 m³/kg 增长为 2013 年的 0.03 m³/kg。苹果单位灰水需求量表现为显著的下降趋势，拟合优度 $R^2=0.69$，从 1991 年的 1.71 m³/kg 降低为 2013 年的 0.28 m³/kg。春小麦、薯类作物单位灰水需求量在研究期内表现出不显著的上升趋势，分别从 1991 年的 0.11 m³/kg、0.12 m³/kg 增加为 2013 年的 0.15 m³/kg、0.13 m³/kg。棉花单位灰水需求量表现为不显著的下降趋势，从 1991 年的 2.55 m³/kg 减少为 2013 年的 0.92 m³/kg，其余作物单位灰水需求量时间序列波动较大，趋势不明显。

对比作物单位耗水量与单位灰水需求量时间序列变化可知，棉花、瓜类作物、苹果、葡萄单位灰水需求量与单位耗水量最为接近，也即灰水需求量与作物灌溉需水量相近，灰水消耗量较大，其余作物单位灰水需求量均远低于作物耗水量。

1991—2013 年黑河流域作物单位耗水量和单位灰水需求量时间序列变化如图 2-18 所示，玉米单位耗水量研究期内表现为显著的上升趋势，拟合优度 $R^2=0.58$，从 1991 年的 0.53 增加为 2013 年的 0.70。胡麻、苹果单位耗水量时间序列表现出显著的下降趋势，拟合优度 R^2 均为 0.69，耗水量分别从 1991 年的 2.90 m³/kg、1.85 m³/kg 降低为 2013 年的 0.21 m³/kg、0.29 m³/kg。春小麦单位耗水量时间序列表现为不显著的上升趋势，从 1991 年的 0.96 m³/kg 增加为 2013 年的 0.89 m³/kg。薯类作物、棉花、胡麻、葡萄单位耗水量在研究期内表现出不显著的下降趋势，分别从 1991 年的 0.90 m³/kg、1.71 m³/kg、2.90 m³/kg、3.68 m³/kg 减少为 2013 年的 0.53 m³/kg、1.50 m³/kg、1.50 m³/kg、1.21 m³/kg、0.57 m³/kg。油菜、蔬菜、瓜类作物单位耗水量时间序列波动较大，趋势不明显。

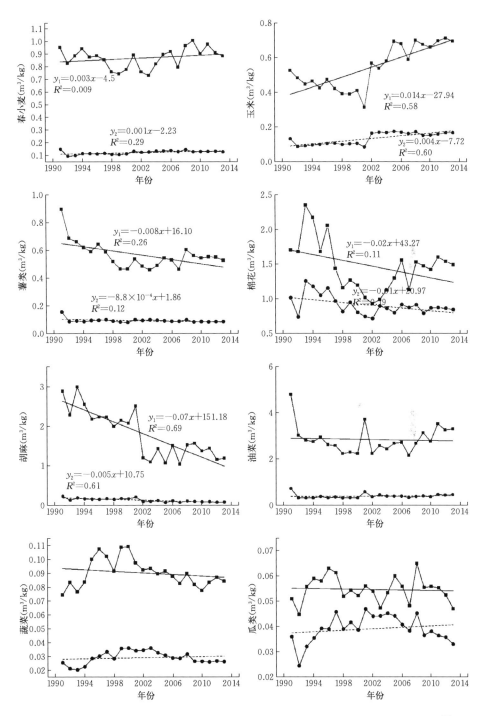

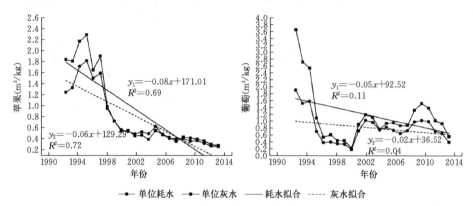

图 2 - 18　1991—2013 年黑河流域作物单位耗水及灰水需求量时间序列变化

注：y_1 和 y_2 分别表示单位耗水量和单位灰水需求量的线性拟合方程，未列出方程的表示拟合不成功。

　　研究期内玉米单位作水需求量表现出显著的上升趋势，拟合优度 $R^2 =$ 0.60，从 1991 年的 0.09 m³/kg 增加为 2013 年的 0.17 m³/kg。1991—2013 年胡麻、苹果单位灰水需求量表现为显著的下降趋势，拟合优度分别为 0.60、0.72，单位灰水需求量分别从 1991 年的 0.25 m³/kg、1.26 m³/kg 减少为 2013 年的 0.10 m³/kg、0.27 m³/kg。春小麦单位灰水需求量表现出不显著的上升趋势，薯类、棉花、葡萄呈现不显著的下降趋势，单位灰水需求量分别从 1991 年的 0.16 m³/kg、1.02 m³/kg、1.92 m³/kg 减少为 2013 年的 0.09 m³/kg、0.85 m³/kg、0.41 m³/kg。油菜、蔬菜、瓜类作物单位灰水需求量时间序列表现出很大的波动性，趋势不明显。

　　综合对比主要作物单位耗水量与单位灰水需求量发现，春小麦、玉米、薯类、胡麻、油菜、蔬菜、瓜类作物单位灰水需求量与单位耗水量相差较小，其余作物单位耗水量均远高于单位灰水需求量。

　　研究期内疏勒河流域作物单位耗水量和单位灰水需求量时间序列变化如图 2 - 19 所示，薯类作物、苹果单位耗水量呈现显著的下降趋势，拟合优度 R^2 分别为 0.45、0.59，单位耗水量分别从 1991 年的 1.80 m³/kg、3.69 m³/kg 下降为 2013 年的 0.46 m³/kg、0.60 m³/kg。瓜类作物单位耗水量时间序列表现出显著的上升趋势，拟合优度 $R^2 = 0.45$，单位耗水量从 1991 年的 0.07 m³/kg 增加为 2013 年的 0.11 m³/kg。1991—2013 年春小麦、蔬菜单位耗水量表现出不显著的上升趋势，胡麻、葡萄单位耗水量时间序列表现出不显著的下降趋势，分别从 1991 年的 3.73 m³/kg、0.99 m³/kg 减小为 2013 年的 1.69 m³/kg、0.39 m³/kg。研究期内油菜单位耗水量从 1991 年 6.9 m³/kg 降低为 2013 年的 2.9 m³/kg。1991—2013 年玉米、棉花单位耗水量时间序列存在波动大、趋势不明显的特点。

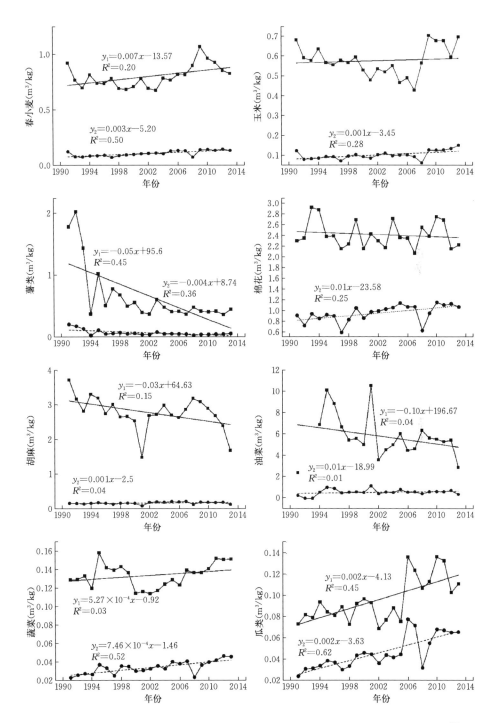

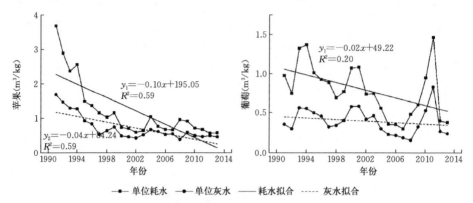

图 2-19 1991—2013 年疏勒河流域作物单位耗水及灰水需求量时间序列变化

注：y_1 和 y_2 分别表示单位耗水量和单位灰水需求量的线性拟合方程，未写出方程的表示拟合不成功。

1991—2013 年春小麦、蔬菜、瓜类作物单位灰水需求量表现为显著的上升趋势，拟合优度 R^2 分别为 0.50、0.52、0.62，单位灰水需求量分别从 1992 年的 0.08 m³/kg、0.02 m³/kg、0.02 m³/kg 增加为 2013 年的 0.14 m³/kg、0.05 m³/kg、0.07 m³/kg。研究期内苹果单位灰水需求量表现出显著的下降趋势，拟合优度 $R^2=0.59$，单位灰水需求量从 1991 年的 1.7 m³/kg 减少为 2013 年的 0.48 m³/kg。玉米、棉花、胡麻、油菜单位灰水需求量在研究期内呈现不显著的上升趋势，分别从 1991 年的 0.13 m³/kg、0.92 m³/kg、0.17 m³/kg、0.27 m³/kg 增加为 2013 年的 0.15 m³/kg、1.08 m³/kg、0.13 m³/kg、0.39 m³/kg。薯类作物单位灰水需求量时间序列呈现不显著的下降趋势，从 1991 年的 0.22 m³/kg 减少为 2013 年的 0.07 m³/kg。葡萄单位灰水需求量时间序列趋势不明显，波动较大。

综合对比作物两种用水量可知，苹果、葡萄单位灰水需求量与单位耗水量最为接近，单位灰水需求量较大，其他作物单位耗水量远高于单位灰水需求量。

◆ **本章小结**

本章详细介绍了水足迹和作物耗水量的计算方法；其次，通过 Penman-Monteith 公式及灰水核算公式，计算了分流域尺度 10 种主要作物 1991—2013 年蒸散量、总耗水量、总灰水需求量、单位耗水量、单位灰水需求量的时间序列变化特征，并对各类需水量的年均值进行了对比分析，研究结果表明：

（1）河西各流域所有作物的 ET_C 随时间均呈上升趋势，且波动性相近，表明受气候条件的影响河西地区作物需水量将不断增加，在不考虑作物单产的情况下，不利于本区域作物的节水灌溉。其中，石羊河流域玉米、棉花、瓜类作物和苹果 ET_C 时间序列变化特征相似，薯类作物、胡麻、油菜、蔬菜作物和葡萄 ET_C 时序变化特征相似，春小麦则具有独特性；黑河流域主要作物 ET_C 时间序列阶段性特征在 3 个流域中最为显著；除春小麦外，其他作物的 ET_C 整体波动曲线相似，但棉花、葡萄和瓜类作物 ET_C 随时间波动较大，其他作物之间差异不明显。疏勒河流域作物 ET_C 分时段分析结果显示：1991—2004 年作物 ET_C 均随时间变化逐渐增加，2005—2013 年作物 ET_C 呈下降趋势。

（2）河西地区各流域作物总耗水量和总灰水需求量均呈增加趋势，但总灰水需求量上升趋势显著性较高。其中，石羊河流域除春小麦和胡麻外，其他作物总耗水量均呈上升趋势；春小麦和胡麻总灰水需求量随时间呈下降趋势，其余作物均表现为增加趋势；玉米成为耗水量和灰水需求量最大的作物。黑河流域春小麦和胡麻总耗水量呈显著下降趋势，玉米、薯类作物、棉花、蔬菜、瓜类作物、葡萄则表现为显著上升趋势；春小麦、胡麻总灰水需求量下降显著，玉米、蔬菜总灰水需求量上升显著。截至 2013 年，玉米是最主要的灰水需求作物，其次是蔬菜，胡麻、瓜类作物的总灰水需求量相对较少。疏勒河流域粮食作物（春小麦和玉米）、油料作物（胡麻和油菜）、苹果总耗水量占比随时间减少，其余作物总耗水量占比则呈增加趋势，目前蔬菜作物成为疏勒河流域的主要耗水作物；春小麦、玉米、胡麻、苹果总耗水量呈显著下降趋势；粮食作物、油料作物和苹果总灰水需求量均呈显著下降趋势，其余作物呈上升趋势，但不同作物上升幅度存在差异。

（3）各流域作物单位耗水量与单位灰水需求量时间序列对比分析结果表明：石羊河流域除蔬菜作物、葡萄外，其余作物单位耗水变化均呈下降趋势，其中玉米和苹果趋势最为显著；春小麦、薯类和蔬菜作物单位灰水需求量呈上升趋势，棉花和苹果单位灰水需求量表现为下降趋势，其余作物趋势不明显；对比作物单位耗水量与单位灰水需求量时间序列变化可知，棉花、瓜类作物、苹果、葡萄单位灰水需求量与单位耗水量最为接近，灰水消耗量较大，其余作物单位灰水需求量均远低于作物耗水量。

黑河流域春小麦、玉米单位作物耗水量表现为上升趋势，薯类作物、棉花、胡麻、苹果、葡萄表现出下降趋势，其中胡麻和苹果的下降趋势显著，其余作物趋势不明显；春小麦、玉米单位作物灰水需求量表现出上升趋势，棉花、薯类作物、葡萄、胡麻、苹果呈下降趋势，其中胡麻、苹果趋势显著；春小麦、玉米、薯类作物、胡麻、油菜、蔬菜和瓜类作物单位灰水需求量与单位耗水量相差较小，其余作物单位耗水量均远高于单位灰水需求量。

疏勒河流域胡麻、油菜、葡萄、薯类作物、苹果单位耗水量呈下降趋势，其中薯类作物和苹果趋势显著，春小麦、蔬菜和瓜类作物呈上升趋势，其中瓜类作物趋势显著；玉米、棉花、胡麻、油菜、春小麦、蔬菜和瓜类作物单位灰水需求量均呈上升趋势，其中春小麦、蔬菜、瓜类作物趋势显著；薯类作物、苹果单位灰水需求量呈下降趋势，其中苹果趋势显著；综合对比作物两种用水量可知，苹果、葡萄单位灰水需求量与单位耗水量最为接近，单位灰水需求量较大，其他作物单位耗水量均远高于单位灰水需求量。

第三章

主要作物耗水量分离与气候响应

根据以往的研究可知，在任何年份作物产量均可以表示为作物管理水平、气候要素贡献和误差综合作用的结果，即可以把作物产量分解为趋势产量、气候产量和随机误差项（王媛等，2004）。其中，作物管理水平包括科技变化和其他非气候要素，它们主要是由生产力发展水平所决定的要素；气候产量又称波动产量，反映的是气候变化导致的短期产量波动（Fang，2011；Guo et al.，2013），农业生产同时也是自然属性突出的经济活动，地域空间的土壤、气候、地形地貌和水文状况也影响着生产模式（作物类型和熟制等）。

作物单位耗水量与作物产量相似，可以理解为气象要素和技术条件的综合，作物耗水量也主要受经济社会和气候要素的影响，随着经济发展、社会进步而缓慢变化，随着温度、湿度、降水等气候要素的变化上下波动。

所以，本书在水足迹的基础上主要参照作物产量与气候关系的系列研究，引入作物产量的分解方法和理论，将单位作物耗水量分为气候耗水量和经济技术耗水量，并通过构建统计模型研究气候耗水量与气候因子之间的关系（Zhao et al.，2015），分解公式为：

$$y = y_t + y_w + \Delta y \tag{3-1}$$

式中，y 为作物产量；y_t 为趋势项，表示经济社会耗水量；y_w 为波动项，表示气候耗水量；Δy 为随机误差项。

第一节　气候耗水量分离方法介绍

对于作物单位耗水量时间序列分解后的趋势项来说，科技进步是其主导因素，一段时期内作物技术进步、社会经济状况以及农业政策等是作物单位耗水量的主要干扰因素。

农业技术层面的直接参与者是农业科研人员和农业技术普及推广人员。他们依靠作物栽培、育种、科学施肥、节水灌溉以及农业机械化等技术的进步，不断推进作物产量的逐年提高从而影响单位作物耗水量。他们的活动着重于技术的推广进步，不会过多考虑作物种植的收支问题，因而在此技术层面下，作物的单位耗水量一般与技术进步趋势最为密切，随时间表现为平滑而缓慢的下降趋势。

在经济层次上，推动农业经济发展提高作物单产的最直接参与者是农户，他们经过农业技术员的技术指导，将更先进的生产方式运用到实际的农业生产中，将技术转化为现实的经济效益，这个过程更多关注成本收益，表现为一个经济行为。成本收益对农户而言是更关键的问题，它影响农户在农业生产中的农资投入和劳动力投入及对待新技术的态度，同时也是科研成果向农业现实产量转化的关键性因素。

再者，社会经济环境和农业政策也在不断地干扰作物的产量和收益，从而使得作物单位耗水量随时间的变化更为复杂。单纯的农业技术推广会使作物单位耗水量随时间平滑而缓慢下降，因此有学者假设其长期变化趋势符合某种熟知的曲线，但是因为受经济和农业政策等非稳定性因素的影响，作物单位耗水量的时间趋势并非绝对的平滑，而是存在轻微波动。

综上所述，影响作物单位耗水量的因素较为复杂，如何准确分解作物气候耗水量与经济技术耗水量是探讨气候变化和作物耗水变化之间关系的关键。目前，为了分解作物经济技术耗水量，许多数学方法被用来模拟作物因经济社会因子变化带来的趋势性耗水量。一般而言，主要的分解方法有线性调合滑动平均法、滑动直线平均法、罗杰斯蒂曲线、柯布-道格拉斯生产函数和高通滤波法。

一、线性调合滑动平均法

调和平均数（Harmonic average）即倒数平均数，它是指所有变量倒数的算术平均数的倒数。特点是在滑动平均步长内，距离历史年份 i 越近的年份，对第 i 年的技术产量影响就越大。具体计算公式如下：

$$\bar{y}_j(t) = \sum_{k=1}^{h} c_{j-k+1} y_{j-k+1} \qquad (3-2)$$

式中，$\bar{y}_j(t)$ 为第 j 年的调和移动平均值，即为由农业科学技术和管理水平提高导致的趋势耗水量；c_{j-k+1} 为调和移动平均系数；h 为移动平均的时间步长；y_{j-k+1} 为第 $j-k+1$ 年的实际耗水量。调和移动平均系数由下式计算得出：

$$c_{j-k+1} = \frac{h-k+1}{\sum_{k-1}^{h} k} \qquad (3-3)$$

式中，c_{j-k+1} 是 5 年调和移动平均的系数，其余参数同式（3-2）。

二、滑动直线平均法

滑动直线平均是一种线性回归和移动平均相结合的预测方法，它将时间序列滑动步长内的耗水趋势看作直线，用后延位置的改变反映时间序列的趋势性变化。特定阶段的线性回归方程的计算方法如下：

$$y_i(i) = m(i) + n(i) t \quad t = 1, 2, 3, \cdots, n-h+1 \qquad (3-4)$$

式中，h 为滑动时间步长，n 为样本量，i 为方程个数，t 为时间序号，（$t=T-1990$，T 为年份）；当 $i=1$ 时，$t=1, 2, 3, \cdots, k$；当 $i=n-h+1$ 时，$t=n-h+1, n-h+2, n-h+3, \cdots, n$。

其次，每个方程在 t 点函数值 $y_i(t)$，然后计算每个 t 点上 p 个函数值的平均值。

$$\bar{y}_i(t) = \frac{1}{p} \sum_{i=1}^{p} y_i(t) \quad i = 1, 2, 3, \cdots, p \qquad (3-5)$$

式中，每个 t 点上分别有 p 个函数值，其中 p 的多少与 n、h 有关。

三、高通滤波法

高通滤波法最早由 Hodrick 和 Prescott（1980）提出，是经济学中用来消除时间序列趋势成分，从中抽取一条平滑曲线的常用方法。对此目前主要有两种理解：首先，高通滤波可以理解为一个特殊的射影，可以从时间序列 $\{y_n\}$ 分离出某个信号 g_t，一般认为 y_n 是由 g_t 和正交噪声两部分组成（韩蓓等，2009）。其次，高通还可以理解为一个以时间序列谱分析为基础的高通滤波器（high-pass filter），在所有不同频率成分中将低频率成分滤除，保留高频率成分，即消除长期趋势，仅对短期的随机波动项进行度量。这里采用第二种理解进行作物气候耗水量的分离。因为高通滤波法在对数据进行处理时并不预先假设变量符合某种函数形式，所以分离的函数更贴近数据的实际变化趋势，同时也更符合经济社会发展规律，所以本书用高通滤波法来分离作物单位耗水量的趋势项，并验证其合理性。高通滤波法气候耗水量分离的具体步骤为：

假设作物单位耗水量时间序列 $\{y_t\}$（$t=1, 2, \cdots, n$，n 为序列样本量）包含一个趋势成分 h_t 和一个短期波动项 μ_t，那么将 y_t 表示为这两项的和：

$$y_t = h_t + \mu_t \qquad (3-6)$$

式中，y_t 为作物单位耗水量样本时间序列；h_t 为拟合序列，数据处理的关键是使拟合值与实测值差值平方和最小，这里为作物单位耗水量的趋势值，用于表示受经济、社会、政策因素影响的单位作物耗水量的变动；μ_t 为剩余成分，是除去单位作物经济技术耗水量趋势项之后的波动项，即受气候要素影响的气候耗水量。

h_t 一般为如下最小化函数的解：

$$\min\left\{\sum_{t=1}^{n}(y_t-h_t)^2+\lambda\sum_{t=1}^{n}\left[(h_{t+1}-h_t)-(h_t-h_{t-1})\right]^2\right\}$$

$$(3-7)$$

其次，对式（3-7）求一阶导数，并令倒数等于 0，即可得出：

$$\begin{cases} h_1: \mu_1=\lambda(h_1-2h_2+h_3) \\ h_2: \mu_2=\lambda(-2h_1+5h_2-4h_3+h_4) \\ \vdots \\ h_t: \mu_t=\lambda(h_{t-2}-4h_{t-1}+6h_t-4h_{t+1}+h_{t+2}) \\ \vdots \\ h_{n-1}: \mu_{n-1}=\lambda(h_{n-3}-4h_{n-2}+5h_{n-1}-2h_n) \\ h_n: \mu_n=\lambda(h_{n-2}-2h_{n-1}+h_n) \end{cases}\quad(3-8)$$

用矩阵的方式表示为：$\mu=\lambda A_h$，A 为一个系数矩阵，如式（3-9）所示：

$$A=\begin{bmatrix} 1 & -2 & 1 & 0 & \cdots & & & & 0 \\ -2 & 5 & -4 & 1 & 0 & \cdots & & & 0 \\ 1 & -4 & 6 & -4 & 1 & 0 & \cdots & & 0 \\ 0 & 1 & -4 & 6 & -4 & 1 & 0 & \cdots & 0 \\ \cdots & & & & & & & & \\ 0 & \cdots & 0 & 1 & -4 & 6 & 4 & 1 & 0 \\ 0 & & \cdots & 0 & 1 & -4 & 6 & 4 & 1 \\ 0 & \cdots & & & 0 & 1 & -4 & 5 & -2 \\ 0 & \cdots & & & & 0 & 1 & -2 & 1 \end{bmatrix}$$

$$(3-9)$$

将矩阵形式表示的函数进行变换可知 $y-h=\lambda A\mu$，整理后即为：

$$h=(\lambda A+I)^{-1}y\qquad(3-10)$$

由式（3-10）可知，参数 λ 的取值是高通滤波法的关键，且此参数需要提前设定。当 $\lambda=0$ 时，符合最小化问题的时间趋势序列为原始单位耗水序列 $\{y_t\}$，当 λ 的值逐渐增加，原始曲线将趋于平滑，若 $\lambda\rightarrow\infty$，则趋势线将近乎直线（王桂芝等，2014）。高通滤波法的争议点主要是参数 λ 的取值问题（谢冰等，2012，刘忠等，2015）。根据以往的经验，若数据为年度时间序列，λ 一般取值 100；若数据为季度序列，则 $\lambda=1600$；若数据为月度时间序列，$\lambda=14\,400$。

高通滤波法相比其他方法简单有效。它认为变量并不是随机变动的，但也不是永恒不变的，而是呈缓慢变化的状态。高通滤波法分离的趋势项相比线性调和平均数法以及滑动平均数法较为平缓，且符合农业经济发展的一般规律，本书采用高通滤波法进行分离，并根据实证结果论证了高通滤波法的适应性。在对单位作物耗水量时间序列进行高通滤波计算时，借助软件 Eviews6.0，由于文中数据为近 25 年的年度数据，所以在将数据导入 Eviews6.0 后，参数 λ 取值 100，然后选择 Quick - Series Statistics - HP Filter 进行运算。

第二节　作物耗水气候响应分析方法介绍

气候变化已经通过降水的重新分配、地表及地下水循环等要素影响水文循环（IPCC，1995；IPCC，2007）。不断加剧的水资源竞争伴随着气温、降水和蒸散量的变化已经严重影响了农业生产的水资源利用（Sun et al.，2012）。除了技术水平和作物种类的不断改进，气候条件依然是影响农业生产的主要不可控因素（Decker et al.，2010），尤其在干旱缺水的生态脆弱区，农业生产对气候变化更加敏感（Houghton et al.，2010）。

目前，农业灌溉需水气候响应常用的分析方法有趋势统计法、增量情景法以及模型模拟法等。

1. 趋势统计法　趋势统计法的主要内容是分析相关气候要素和作物需水量之间的相关关系，研究二者的变化趋势，或者直接采用相关分析方法，研究气候要素的变化对作物灌溉需水量产生的影响。

李立等将灰色关联度法、时间序列分析法与地统计分析方法相结合，借助 GIS 技术手段研究了作物需水量的气候响应机制，研究成果表明，随着气温的上升、作物蒸腾能力的增加以及日照时数的增长，研究区内主要作物的耗水量均呈现出增加的趋势。曹红霞等（2008）计算了关中地区主要作物春小麦和玉米的作物需水量，并重点分析了两种作物需水量与生育期内相关气候因子的时间序列变化趋势，从而得出作物对气候变化的响应特征。宋妮等（2011）选择长江流域 35 个长期种植早稻的气象站点作为研究区，用 Penman - Monteith 公式分别计算了 1961—2003 年各站点内早稻的灌溉需水量，然后直接用相关分析法，探讨气候要素的变化对早稻需水量的影响。

2. 增量情景法　增量情景法就是首先假定气候要素如降水、气温等变化一定的幅度，在此基础上分析这些气象要素的变化对作物生长需水量所造成的影响。例如，刘晓英等（2004）在预设未来气温升高 1～4 ℃的前提下，分析华北地区主要作物对气候变暖的响应模式，研究结果发现，全球气候变暖对不同作物生长需水量的影响方式和程度都是不同的,作物差异显著。陈军武等(2010)研究了在未来年份气温增长 0.5~0.4 ℃、降水量同时增加 10%~30% 的气候变化背景下,黑河流域多种主要作物在不同的生长条件下,作物灌溉需水量的气候响应机制。

3. 模型模拟法 模型模拟法就是借助全球气候模式(GCM)模拟不同的气候条件,同时将作物生长模型与之结合,研究气候环境变化对作物生长期内灌溉需水量所造成的影响。Tao 等(2008)在对我国水稻灌溉需水量气候响应进行研究时,将不同形式的 GCM 和水稻生长模型(CERES‐Rice)结合在一起,分析全球气候变暖条件下水稻灌溉需水量的变化,并在此基础上对水稻未来年份灌溉需水量的变化概率进行了前瞻性分析。丛振涛等(2010)采用了IPCC 第四次评估报告中关于未来气候变化特定情景的界定,同时选择 Had-CM3 作为大气环流模式,借助 CERES 模型模拟北京地区主要粮食作物冬春小麦在不同的灌溉条件、不同的模拟预测期内生长变化和耗水变化特点,从而探究小麦耗水变化量对气候变化的响应。Sebastian 等(2011)将天气发生器与作物模型结合起来探讨气候环境变化对作物灌溉需水量产生的影响,以干旱半干旱地区为研究区,借助多种作物模型对研究区内作物需水模式进行模拟研究,提出最优的灌溉策略以指导实践,同时在研究过程中对各作物模型进行优劣筛选。这种方法采用更加科学的计算过程,将多种方法结合起来,其中包括作物水分生产函数法、蒙特卡罗模拟法、非充分灌溉法以及灌溉方式优化算法等,更能模拟气候变化对作物灌溉需水的干扰模式。

4. 以"3S"技术为基础的研究方法 "3S"指全球定位系统(GPS)、地理信息系统(GIS)以及遥感技术(RS)三种技术方法的总称(李德仁等,2006),"3S"技术所具有的强大的空间分析能力使其在水文水资源方面以及农业水资源研究等方面具有明显的优势。Stefan 等(2007)在 DEM 模型的基础上探讨了气候因子以及区域地形因子对绿洲地区作物生长期灌溉需水量变化的影响。史培军等(2000)充分利用了遥感技术手段获取了我国北方地区植被的 NDVI 指数,并选取了一系列样本点,然后借助全球定位系统对所选样本点进行定点检验,同时在地理信息系统(GIS)的支撑下重点对北方地区干旱环境下的气候响应模式进行了全面研究。杨建强等(2003)也利用地理信息系统对人类活动强烈干扰下的地下水动态变化进行了定量研究,并引入地球系统动力学原理分析了人类活动与水资源变化之间的密切联系。佟玲等(2007)首先利用气候及相关数据计算了点尺度下的参考作物蒸腾量,并在数字高程模型(DEM)以及土地利用变化的基础上,对参考作物蒸腾量的时空变化做了详细分析,并着重研究了气候变化与农业需水量之间的互动关系,分析了驱动因子的影响机制，并进一步做了预测，该研究成果的主要创新点在于不仅考虑了气候变化对需水的影响，还进一步分析了人类社会活动的干扰程度，将多种影响因子如日照、气温、人口增长、作物结构等都考虑进去进行全面的分析和研究。

第三节　基于高通滤波的作物单位气候耗水量与经济技术耗水量时间序列变化

作物单位气候耗水量变化率用标准差来表示，虽然与此类似的变差系数适用范围更广的优点更明显，但变差系数的使用要求样本均值不能为 0，所以在进行单位气候耗水量变化率分析时用标准差（S）来表示，具体见式（3-11）：

$$S = \sqrt{\frac{1}{N} \sum_{t=1}^{N} (x_t - \mu)^2} \qquad (3-11)$$

式中，N 为时间序列样本量；t 为年份；x_t 表示第 t 年的单位气候耗水量；μ 为单位气候耗水量的时间序列均值。

一、石羊河流域作物单位气候耗水量与经济技术耗水量时序分析

通过对高通滤波法分离出的 10 种主要作物单位气候耗水量随时间波动性差异较大（表 3-1），其中油菜、葡萄、棉花、胡麻、苹果单位气候耗水量波动较大，标准差分别为 0.472 m³/kg、0.416 m³/kg、0.391 m³/kg、0.365 m³/kg、0.226 m³/kg，剩余作物单位气候耗水量时间序列相对稳定，标准差变化范围仅为 0.008～0.15 m³/kg；分阶段波动性分析结果显示：1991—2003 年 10 种主要作物单位气候耗水量的标准差均大于 2003—2013 年，说明石羊河流域所有作物单位气候耗水量时间序列变化渐趋稳定。

表 3-1　1991—2013 年石羊河流域分阶段作物单位气候耗水量标准差（m³/kg）

作物	1991—2013 年	1991—2003 年	2003—2013 年
小麦	0.104	0.124	0.068
玉米	0.061	0.074	0.038
薯类	0.15	0.183	0.088
棉花	0.391	0.486	0.208
胡麻	0.365	0.458	0.183
油菜	0.472	0.6	0.198
蔬菜	0.008	0.008	0.006

（续）

作物	1991—2013 年	1991—2003 年	2003—2013 年
瓜类	0.009	0.01	0.007
苹果	0.226	0.295	0.046
葡萄	0.416	0.528	0.163

对作物耗水趋势项进行研究发现（图 3 - 1）：1991—2013 年春小麦、玉米、薯类、棉花、胡麻、油菜、苹果主要受农业技术的影响，单位经济技术耗水量逐渐下降，整体均存在不同程度的线性下降趋势，其中 1991—2005 年随时间下降较快，近几年随着农药、化肥、科学育种、节水灌溉等农业技术的推动力逐渐减弱，下降速度逐渐减缓，有待于新一轮的农业技术进步；1991—2013 年蔬菜和葡萄单位经济技术耗水量总体线性下降趋势均不明显，与其他作物明显不同，且经济技术趋势变化特征也有明显的差异：蔬菜作物高通滤波趋势最为平缓，表明蔬菜作物的栽培管理技术水平增长缓慢，有待新一轮的技术突破；瓜类作物和葡萄单位经济技术耗水趋势均表现为先平稳后显著下降的变化特点，表明瓜类作物和葡萄的技术管理水平在近些年逐渐提高，其中葡萄的技术水平明显以 2000 年为分界点，存在阶段性变化特点。主要作物的单位经济技术耗水趋势与石羊河流域不同作物现状技术、管理水平基本相符，高通滤波分离出的单位经济技术耗水趋势性变化具有科学合理性。

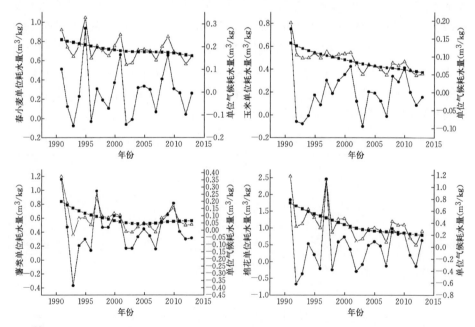

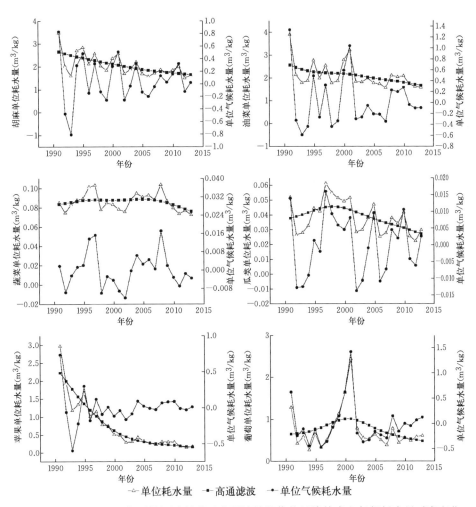

图 3-1　1991—2013 年石羊河流域基于高通滤波的作物经济技术和气候耗水量时序变化

二、黑河流域作物单位气候耗水量与经济技术耗水量时序分析

单位气候耗水量波动性分析结果显示（表 3-2）：油菜、葡萄、胡麻、苹果和棉花随时间的波动较大，标准差分别为 0.428 m^3/kg、0.431 m^3/kg、0.284 m^3/kg、0.234 m^3/kg 和 0.226 m^3/kg，其余作物气候耗水量变化率相对较小，标准差均在 0.004～0.007 m^3/kg 之间。除春小麦和瓜类作物外，其他作物气候耗水量变化率在 1991—2004 年大于 2005—2013 年，这表明，除春小麦和瓜类作物外，其余作物气候耗水量均渐趋稳定。

表 3-2　1991—2013 年黑河流域分阶段作物单位气候耗水量标准差（m³/kg）

作物	1991—2013 年	1991—2003 年	2003—2013 年
小麦	0.058	0.055	0.059
玉米	0.054	0.056	0.047
薯类	0.045	0.049	0.036
棉花	0.226	0.263	0.131
胡麻	0.428	0.507	0.264
油菜	0.006	0.007	0.004
蔬菜	0.005	0.004	0.005
瓜类	0.234	0.296	0.038
苹果	0.431	0.510	0.262
葡萄	0.428	0.507	0.264

　　基于高通滤波分离的作物单位经济技术耗水趋势变化结果显示（图 3-2）：薯类、棉花、胡麻、油菜、蔬菜、苹果、葡萄的经济技术耗水量随时间呈现先下降后又渐趋平稳的变化特点，与技术发展的一般变化规律相似，因为农业技术水平的每一次提高都会带来单产的突破，但随着技术的逐渐推广运用，经过了这段技术敏感期，作物单产又会在新的水平上缓慢发展，所以作物单位经济技术耗水曲线一般呈先下降后渐趋平稳的变化特点，说明这些作物经济技术驱动力显著；春小麦单位经济技术耗水曲线在 2000 年以后表现出明显的上升趋势，与粮食作物在不同时期的收购政策关系密切，主要是受政策影响；瓜类作物单位社会经济耗水量随时间变化不大，总体较为平稳，说明瓜类作物种植、灌溉等农业技术水平有待新一轮的变革；玉米单位社会经济耗水趋势性变化较为特殊，1991—2013 年随时间呈现出明显的先下降后上升的趋势，与单纯经济技术的发展轨迹明显不符，究其原因主要是受农业结构调整政策的影响，从 2000 年开始，甘肃省委省政府加强玉米制种产业的发展，将其作为重点产业大力扶植，玉米制种面积逐年大幅上涨，从 2000 年的 6 667 hm² 增加到 2008 年的 8 万 hm²，黑河流域尤其是张掖绿洲地区 1/3 以上的面积均种植玉米，所以因作物品种的大幅调整导致产量发生了变化，使得玉米单位社会经济耗水量呈现出明显的先下降后上升的阶段性变化特征。综上所述，虽然高通滤波法得出的 10 种作物单位经济技术耗水量趋势性变化有所差异，但均符合地区发展实际，差别主要在于农业技术和农业政策等因素的影响程度。

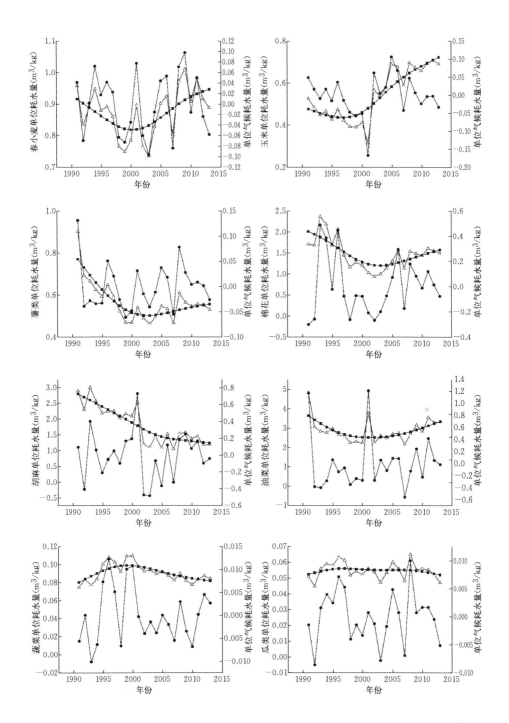

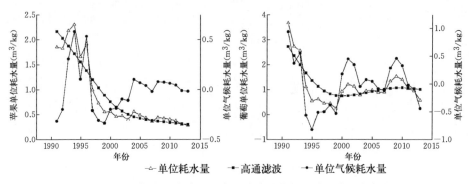

图 3 - 2 　1991—2013 年黑河流域基于高通滤波的作物经济技术和气候耗水量变化

三、疏勒河流域单位作物气候耗水量与经济技术耗水量时序分析

如表 3 - 3 所示，单位气候耗水量波动性分析结果显示：1991—2013 年油菜、胡麻、葡萄、棉花、苹果、薯类作物的波动较大，标准差分别为1.53 m³/kg、0.347 m³/kg、0.268 m³/kg、0.232 m³/kg、0.226 m³/kg、0.221 m³/kg，其中油菜的单位气候耗水量波动最为显著，其他几种作物单位气候耗水量波动则相对较小，时间序列较稳定；在 1991—2003 年和 2003—2013 年两个不同的时间段内，春小麦、玉米、瓜类、葡萄单位气候耗水量波动性存在差异，且后者均大于前者，单位气候耗水量时间序列波动性增强；其余作物（薯类、棉花、胡麻、油菜、蔬菜、苹果）单位耗水量波动性变化则相反，单位气候耗水量渐趋稳定。

表 3 - 3 　1991—2013 年疏勒河流域分阶段作物单位气候耗水量标准差 （m³/kg）

作物	1991—2013 年	1991—2003 年	2003—2013 年
小麦	0.064	0.054	0.074
玉米	0.05	0.03	0.067
薯类	0.221	0.291	0.036
棉花	0.232	0.233	0.228
胡麻	0.347	0.361	0.31
油菜	1.53	1.989	0.847
蔬菜	0.009	0.011	0.004
瓜类	0.013	0.01	0.017
苹果	0.226	0.261	0.139
葡萄	0.268	0.195	0.334

　　基于高通滤波法分离的单位经济技术耗水量趋势项分析结果显示（图 3-3）：苹果、薯类作物、油菜、棉花、胡麻经济技术耗水量的变化趋势符合农业技术发展轨迹，受经济技术的影响较大；春小麦、玉米的单位经济技术耗水量呈现先下降后上涨的趋势，说明粮食作物单位经济技术耗水量的变化趋势是经济技术因子和农业政策双重作用的结果，究其原因为：进入 20 世纪 90 年代，在全国粮食购销市场化改革逐渐完成的背景下，甘肃省政府逐渐提高粮食的收购价格，通过政府手段实施保护价收购政策，以稳定粮食生产，保障粮食安全，使得粮食单产逐年上升，并在 1998 年左右达到高峰，2002 年以后随着工业反哺农业政策的实施，对农业采取"多予、少取"的基本方针，对粮食种植在财政、税收等方面予以补贴，粮食单产又出现新一轮的增长期，但是最近几年由于市场价格的变动，粮食收购价格不理想，最终导致粮食单产的下降，不利于单位经济技术耗水量的降低和单位水资源的节约利用；蔬菜和瓜类作物单位经济技术耗水趋势性变化则更偏离经济技术因子的影响，主要受疏勒河流域蔬菜和瓜类作物内部不同品种结构调整的影响，使得单产出现波动性下降，导致单位耗水量上涨，但是这并不意味着水资源的浪费，而是单位水资源经济效益的提高（刘忠等，2015）。高通滤波分离趋势项虽然并不完全符合经济技术发展一般规律，但却符合疏勒河流域特殊的农业发展实际，是一种科学合理的分离方法。

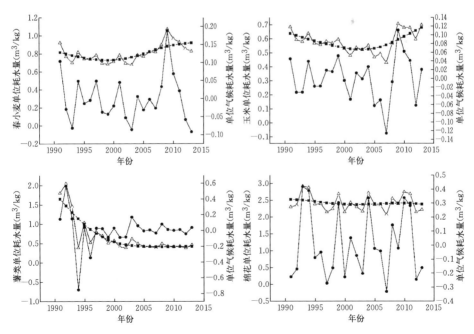

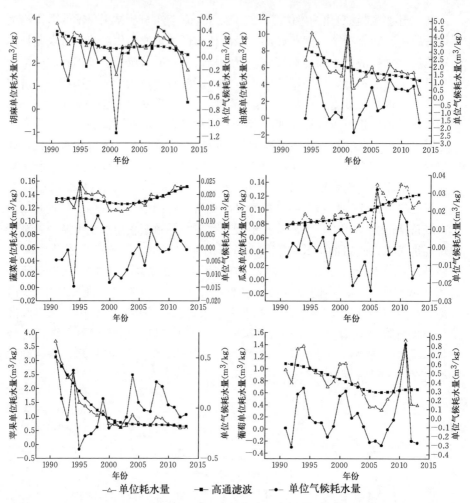

图 3-3　1991—2013 年疏勒河流域基于高通滤波的作物经济技术和气候耗水量时序变化

第四节　单位作物耗水量气候响应分析

根据作物的主要生育时期和生物学特性，选择 3—9 月降水量（P_3、P_4、P_5、P_6、P_7、P_8、P_9）、3—9 月风速（W_3、W_4、W_5、W_6、W_7、W_8、W_9）、3—9 月相对湿度（R_3、R_4、R_5、R_6、R_7、R_8、R_9）、3—9 月最低气温（T_{min3}、T_{min4}、T_{min5}、T_{min6}、T_{min7}、T_{min8}、T_{min9}）、3—9 月最高气温（T_{max3}、T_{max4}、T_{max5}、T_{max6}、T_{max7}、T_{max8}、T_{max9}）、3—9 月平均气温（T_{ave3}、T_{ave4}、T_{ave5}、T_{ave6}、T_{ave7}、T_{ave8}、T_{ave9}）和 3—9 月日照时数（S_3、S_4、S_5、S_6、S_7、

S_8、S_9）近 30 年时间序列距平值作为可能的气候影响因子，通过计算作物生育期内这些气候相关因子与单位作物气候耗水量的斯皮尔曼等级相关系数，筛选出相关度较高的气候因子，然后通过逐步回归分析法对各相关因子的影响方向和力度进行量化。

一、斯皮尔曼等级相关分析法

作物单位气候耗水量是多种气候要素共同作用的结果，为了尽可能包含多种气候因子同时简化回归模型，用斯皮尔曼等级相关系数对进入模型的要素进行筛选，通过显著性检验的气候要素即可进入回归模型。

斯皮尔曼等级相关系数是由学者 Charles Spearman 的名字音译而来，通常用符号 ρ 来表示，它是用来评估变量之间的相关程度，并且不同变量之间的相关关系能够通过单调函数来具体表征。假如任意两个变量的取值分别组成元素集合，且两个集合中不存在完全相同的两个数值，则当其中某个变量可以用另一个变化量的单调函数来表达时，那么说明这两个变量的相关系数可以达到 -1 或者 $+1$。

设任意两个变量分别用 X、Z（也可以理解为由单个元素组成的两个集合）表示，且它们各自的元素计数相同，用 M 来表示，随机变量的取值分别表示为 X_k、Z_k，其中 k 表示变量在集合中的位次（$1 \leqslant k \leqslant M$）。其次，对集合 X、Z 中的元素进行排序（均按照正序或者降序进行排序），由此得出两个元素排序集合 X 和 Z，其中任意元素在集合 X 的排序用符号 X_k 来表示，在集合 Z 中的排序为 Z_k，k 为元素在各自集合中的排列次序。把两个集合 X 和 Z 中的每个元素对应分别做减法运算即得到一个排序差分集合 h，其中 $h_k = X_k - Z_k$（$1 \leqslant k \leqslant M$）。

任意两个变量集合 X、Z 间的斯皮尔曼等级相关系数通过 X 与 Z 计算得到，或者通过对 h 的计算获得，两种方法的具体计算公式为：

（1）通过排行差分集合 h 来计算：

$$\rho = 1 - 6 \sum_{k=1}^{M} h_k^2 \bigg/ M(M^2 - 1) \qquad (3-12)$$

式中，ρ 为斯皮尔曼等级相关系数；h 为排行差分集合；M 为变量集合的元素个数；k 为元素排序的位次。

（2）通过计算排行集合 X、Z 来求解斯皮尔曼等级相关系数：

$$\rho = \frac{\sum_{k=1}^{M}(X_k - \overline{X})(Z_k - \overline{Z})}{\sqrt{\sum_{k=1}^{M}(X_k - \overline{X})^2 \sum_{k=1}^{M}(Z_k - \overline{Z})^2}} \qquad (3-13)$$

式中，ρ 为斯皮尔曼等级相关系数；h 为排行差分集合；M 为变量集合的元素个数；k 为元素排序的位次；$\bar{x}$ 和 $\bar{z}$ 分别为任意两个自变量集合 X 和 Z 的元素均值。

二、逐步回归法

在众多的影响因素中选择主要影响因子并进行量化最有效的方法就是逐步回归分析，它是建立在多元线性回归分析基础上的一种方法。多元回归分析（regression analysis）主要是从统计学的角度，研究两个以上变量之间的相互关系及密切程度的一种分析方法（朱慧明等，2005）。多元回归分析要求各变量是相互独立的，各因素之间没有关联性，但是在现实预测的过程中这种相关性很难避免，即多种变量之间存在多重共线性。此时，如果解释变量 X_1 X_2 … X_n 之间线性相关，则 $|X'X| = 0$，$|X'X|^{-1}$ 便不存在，最小二乘法估计无效，导致回归结果为伪回归，而逐步回归分析也是消除多重共线性的有效方法之一（高惠璇，2005）。

从多个相关因素中选择进入回归方程的方式时，主要包括下列四种：①选择法：就是从系列变量中选择符合条件的最优变量；②剔除法：根据一定的剔除规则对进入变量进行逐步筛选，剔除非最优变量；③进入法：把相关变量逐个引入回归模型中；④有进有出法：将相对较优的变量引入方程，其余根据一定的规则剔除。这里应用第四种变量引入法，假设有 N 个相关变量，从第一个进入变量开始，依照它对因变量 f 的影响贡献程度，按照程度的大小进行排序，由大到小逐个引入方程，如果引入一个变量后，方程整体变得不显著，那么该变量就要被剔除出去。每引入一个方程或是剔除变量均要对方程进行一次检验，直到所剩下的变量均能使方程整体显著，并且再没有剩余变量能够被引入方程时，则计算过程结束。具体的计算步骤如下：

假设当前回归方程为：

$$Y = \beta_0 + \beta_1 X_1 + \beta_2 X_2 + \cdots + \beta_n X_n \qquad (3-14)$$

式中，Y 为气候耗水量；β_0 为回归常数；β_n 为回归系数；$X_1 \cdots X_n$ 为不同的气候要素。

对应的平方和分解方法表示为：

$$SS_T = SS_R + SS_S \qquad (3-15)$$

式中，SS_T 为总的平方和；SS_R 为方程的回归平方和；SS_S 为方程残差平方和。为了说明 SS_R 及 SS_S 均和引入方程的自变量相关联，分别以 SS_R（X_1，X_2，…，X_i）和 SS_S（X_1，X_2，…，X_i）的形式来表示。加入新的自变量 X_i 之后，原回归方程以及分解方法变化为：

$$SS_T = SS_R(X_1 + X_2, \cdots, X_1, X_i) + SS_S(X_1 + X_2, \cdots, X_1, X_i)$$
$$(3-16)$$

$$SS_T = SS_R(X_1 + X_2, \cdots, X_1) + SS_S(X_1 + X_2, \cdots, X_1)$$
$$(3-17)$$

式（3-16）和式（3-17）左右两边的 SS_T 完全一致，引入 X_i 变量之后，回归平方和的形式从 $SS_R(X_1, X_2, \cdots, X_1)$ 变为 $SS_R(X_1 + X_2, \cdots, X_1, X_i)$，相反的残差平方和由 $(X_1, X_2, \cdots, X_1)$ 减少为 $(X_1, X_2, \cdots, X_i)$，见式（3-18）：

$$SS_R(X_1 + X_2, \cdots, X_1, X_i) - SS_R(X_1 + X_2, \cdots, X_1) =$$
$$SS_S(X_1 + X_2, \cdots, X_1) - SS_S(X_1 + X_2, \cdots, X_1, X_i)$$
$$(3-18)$$

设式（3-18）右边为 $V_i(x_1, x_2, \cdots, x_1)$，表示新进入的变量对方程回归平方和的影响程度，也可以理解为变量 X_i 进入方程后残差平方和的变化量，以此表示该自变量对方程的贡献程度。把 V_i 和残差平方和进行比较，可得出 X_i 对方程影响的显著性状况，用式（3-19）进行检验判断：

$$F_{1i} = V_i(x_1 + x_2, \cdots, x_1) / [SS_S(x_1 + x_2, \cdots, x_1, x_i)/(n-1-2)]$$
$$(3-19)$$

式中，n 为进入方程的自变量个数，如果 $F_{1i} > F_{进入}$，说明新进入的自变量 x_i 是有切实意义的；相反，则说明变量 x_i 是没有意义的。假如 $F_{1i} \leqslant F_{进入}$ 的自变量个数较多，就选择变量值最大的。通过式（3-20）进行计算：

$$\max_{1 < i < p} F_{1i} = F_{ki} \qquad (3-20)$$

如果满足 $F_{ki} > F_{进入}$，那么变量 X_{ki} 被选入方程；反之运算结束。

三、石羊河流域作物单位耗水量气候响应结果分析

由表3-4可知，石羊河流域春小麦单位气候耗水量与5月相对湿度、5月降水量、6月相对湿度、7月相对湿度显著负相关，与7月平均最高气温、7月平均气温显著正相关。玉米单位气候耗水量与7月相对湿度、7月降水量、8月相对湿度显著负相关，与6月平均最高气温、7月平均最高气温、7月平均气温、8月日照时数显著正相关。薯类作物单位气候耗水量与7月相对湿度、7月降水量、8月相对湿度显著负相关，与7月风速、7月平均最高气温、7月平均气温、8月日照时数显著正相关。棉花单位气候耗水量与5月相对湿度、5月降水量、7月相对湿度、8月相对湿度显著负相关，与5月平均最高气温、5月日照时数、7月平均最高气温、7月平均气温显著正相关。胡麻单位气候耗水量与5月平均相对湿度、5月降水量、7月相对湿度显著负相关，

与 5 月日照时数、7 月平均最高气温、7 月日照时数显著正相关。油菜单位气候耗水量与 5 月相对湿度、7 月相对湿度、8 月相对湿度显著负相关，与 7 月平均最高气温、7 月平均气温、8 月日照时数显著正相关。蔬菜作物单位气候耗水量与 5 月风速、5 月降水量、6 月相对湿度显著负相关，与 5 月日照时数、8 月风速显著正相关。瓜类作物单位气候耗水量与 7 月平均最高气温、7 月平均气温显著正相关，与 8 月相对湿度显著正相关。苹果单位气候耗水量与 6 月平均最高气温、6 月日照时数、7 月平均最高气温、8 月风速显著正相关，与 6 月降水量、6 月相对湿度显著负相关。葡萄单位气候耗水量与 5 月风速、8 月相对湿度、8 月降水量显著负相关，与 7 月平均最高气温、7 月平均最低气温、7 月平均气温、8 月日照时数显著正相关。

表 3-4　石羊河流域气候耗水量与气候要素等级相关系数

指标	春小麦	玉米	薯类	棉花	胡麻	油菜	蔬菜	瓜类	苹果	葡萄
W_4	0.248	—	—	0.045	—	0.278	−0.289	—	—	—
R_4	−0.314	—	—	−0.070	—	−0.065	0.047	—	—	—
T_{min4}	−0.036	—	—	−0.012	—	−0.333	0.059	—	—	—
T_{max4}	−0.021	—	—	−0.021	—	−0.321	−0.116	—	—	—
S_4	0.226	—	—	0.310	—	0.268	0.213	—	—	—
P_4	−0.075	—	—	0.191	—	0.022	−0.019	—	—	—
T_{ave4}	−0.010	—	—	0.004	—	−0.310	0.378	—	—	—
W_5	−0.010	−0.283	−0.312	0.015	0.040	−0.279	−0.548**	−0.088	0.222	−0.439*
R_5	−0.578**	−0.286	−0.104	−0.488*	−0.552**	−0.447*	0.155	−0.210	−0.203	−0.015
T_{min5}	0.130	0.159	0.251	0.333	−0.011	0.212	0.494*	0.110	0.186	0.148
T_{max5}	0.352	0.141	0.118	0.469*	0.308	0.302	0.194	0.231	0.184	−0.006
S_5	0.337	0.139	−0.036	0.458*	0.427*	0.291	0.665**	0.118	0.095	−0.244
P_5	−0.423*	−0.178	0.000	−0.425*	−0.492*	−0.363	−0.643**	−0.228	−0.185	0.130
T_{ave5}	0.261	0.097	0.144	0.428*	0.197	0.243	0.362	0.157	0.137	−0.002
W_6	0.054	−0.065	−0.171	−0.031	0.130	−0.098	0.269	0.023	0.035	−0.179
R_6	−0.472*	−0.214	−0.127	−0.279	−0.210	−0.346	−0.474*	−0.192	−0.531*	−0.074
T_{min6}	0.097	0.230	0.117	0.188	0.017	0.067	−0.124	0.103	0.232	0.360
T_{max6}	0.352	0.433*	0.354	0.292	0.130	0.309	0.055	0.369	0.436*	0.404
S_6	0.351	0.343	0.380	0.248	0.248	0.391	0.172	0.347	0.448*	0.205

（续）

指标	春小麦	玉米	薯类	棉花	胡麻	油菜	蔬菜	瓜类	苹果	葡萄
P_6	−0.386	−0.326	−0.223	−0.312	−0.155	−0.247	−0.390	−0.330	−0.499*	−0.134
T_{ave6}	0.187	0.314	0.259	0.202	0.030	0.188	−0.064	0.262	0.366	0.373
W_7	0.219	0.205	0.425*	0.413	−0.056	0.084	0.329	0.186	0.309	−0.221
R_7	−0.658**	−0.602**	−0.608**	−0.562**	−0.705**	−0.671**	−0.023	−0.403	−0.373	−0.390
T_{min7}	0.176	0.375	0.333	0.348	−0.067	0.208	−0.058	0.256	0.189	0.447*
T_{max7}	0.625**	0.803**	0.747**	0.678**	0.552**	0.643**	−0.080	0.652**	0.423*	0.675**
S_7	0.162	0.459*	0.350	0.266	0.516*	0.315	−0.364	0.270	0.106	0.270
P_7	−0.407	−0.453*	−0.562**	−0.294	−0.318	−0.404	0.420	−0.299	−0.130	−0.319
T_{ave7}	0.500*	0.738**	0.649**	0.609**	0.385	0.573**	−0.086	0.530**	0.301	0.712**
W_8	—	0.036	0.125	0.350	—	0.126	0.517*	0.192	0.490*	−0.282
R_8	—	−0.690**	−0.747**	−0.467*		−0.556**	0.281	−0.452*	−0.304	−0.673**
T_{min8}	—	−0.132	−0.162	−0.059		−0.163	−0.171	−0.130	0.010	−0.127
T_{max8}	—	0.331	0.345	0.202		0.200	−0.327	0.146	0.149	0.344
S_8	—	0.554**	0.500*	0.351		0.452*	−0.357	0.221	0.036	0.561**
P_8	—	−0.391	−0.344	−0.146		−0.173	0.124	−0.389	−0.343	−0.441*
T_{ave8}	—	0.209	0.175	0.108		0.129	−0.332	0.080	0.103	0.295
W_9	—	—	—	0.097	—	—	—	—	—	0.254
R_9	—	—	—	−0.039						0.143
T_{min9}	—	—	—	0.263						0.348
T_{max9}	—	—	—	0.071						−0.003
S_9	—	—	—	−0.030						−0.104
P_9	—	—	—	−0.054						0.353
T_{ave9}	—	—	—	0.207						0.185

注：**表示相关系数通过显著性检验，$\alpha=0.01$；*表示相关系数通过显著性检验，$\alpha=0.05$。

综合石羊河流域 10 种主要作物单位耗水量与气候要素的相关系数可知，7月降水量和 7 月相对湿度为作物单位耗水量的主要负向相关因子，其次为 5 月相对湿度和 5 月降水量；7 月平均最高气温和 7 月平均气温为显著的正向相关因子。

根据多元线性回归模型，以及斯皮尔曼等级相关分析法筛选出的主要相关因子，进一步探讨 10 种典型作物的单位气候耗水量与主要气候因子之间的驱动响应机制，选择逐步回归分析法。

如表 3-5 所示，石羊河流域，春小麦单位气候耗水量的主要气候影响因子为 5 月相对湿度，拟合优度 $R^2=0.268$，5 月相对湿度每增加一个单位，春小麦单位气候耗水量减少 0.009。玉米单位气候耗水量的主要气候影响因素为 7 月平均最高气温，回归系数为 0.045，解释力度高达 63.4%。薯类作物单位气候耗水量的主要气候影响因子为 7 月平均最高气温，拟合优度 $R^2=0.573$，7 月平均最高气温每增加一个单位，薯类作物单位气候耗水量增加 0.105。棉花单位气候耗水量的主要气候影响因子为 7 月平均最高气温、5 月日照时数、5 月平均相对湿度，回归系数分别为 0.225、0.495、0.040，解释力度达到 62.6%。胡麻单位气候耗水量主要气候影响因子为 7 月平均最高气温、5 月日照时数，拟合优度 $R^2=0.546$，7 月平均最高气温、5 月日照时数分别每增加一个单位，胡麻单位气候耗水量相应增加 0.194、0.191 个单位。油菜单位气候耗水量的主要气候影响因子为 7 月平均最高气温、7 月平均气温，拟合优度 $R^2=0.56$，7 月平均最高气温、7 月平均气温分别每增加一个单位，油菜单位气候耗水量相应增加 0.686、减少 0.466 个单位。蔬菜作物单位气候耗水量的主要气候影响因子为 5 月平均日照时数、8 月平均风速，解释力度为 63.8%，5 月平均日照时数、8 月风速分别每增加一个单位，蔬菜作物单位气候耗水量增加 0.005、2.24×10^{-4} 个单位。瓜类作物单位气候耗水量的主要气候影响因子为 7 月平均最高气温，拟合优度 $R^2=0.418$，7 月平均最高气温每增加一个

表 3-5　石羊河流域单位作物气候耗水量回归模型

作物	回归模型
小麦	$Y=9.09 \times 10^{-11}-0.009R_5$，$n=22$，$R^2=0.27$，$P<0.05$
玉米	$Y=-3.18 \times 10^{-11}+0.05T_{max7}$，$n=22$，$R^2=0.63$，$P<0.01$
薯类	$Y=2.73 \times 10^{-11}+0.11T_{max7}$，$n=22$，$R^2=0.57$，$P<0.01$
棉花	$Y=1.06 \times 10^{-10}+0.23T_{max7}+0.50S_5+0.04R_5$，$n=22$，$R^2=0.63$，$P<0.01$
胡麻	$Y=7.55 \times 10^{-11}+0.19T_{max7}+0.19S_5$，$n=22$，$R^2=0.55$，$P<0.05$
油菜	$Y=0.43+0.69T_{max7}-0.47T_{ave7}$，$n=22$，$R^2=0.56$，$P<0.05$
蔬菜	$Y=-4.33 \times 10^{-11}+0.005S_5+2.24 \times 10^{-4}W_8$，$n=22$，$R^2=0.64$，$P<0.01$
瓜类	$Y=-1.29 \times 10^{-10}+0.005T_{max7}$，$n=22$，$R^2=0.42$，$P<0.05$
苹果	$Y=6.99 \times 10^{-11}+0.10T_{max7}$，$n=22$，$R^2=0.24$，$P<0.05$
葡萄	$Y=-0.01-0.01W_5+0.15T_{max7}$，$n=22$，$R^2=0.67$，$P<0.01$

单位，瓜类作物单位气候耗水量增加 0.005 个单位。苹果单位气候耗水量气候影响因子为 7 月平均最高气温，拟合优度 $R^2 = 0.237$，7 月平均最高气温每增加一个单位，苹果单位气候耗水量增加 0.101 个单位。葡萄单位气候耗水量的主要气候影响因子为 5 月平均风速、7 月平均最高气温，拟合优度 $R^2 = 0.671$，5 月平均风速每增加一个单位，葡萄单位气候耗水量减少 0.01 个单位，7 月平均最高气温每增加一个单位，葡萄单位气候耗水量增加 0.149 个单位。

综上所述，7 月平均最高气温是作物单位气候耗水量的主要气候影响因子，对单位气候耗水量产生驱动，7 月平均最高气温的增加将导致作物单位气候耗水量显著增加，是河西 3 个流域中对全球气候变暖最为敏感的区域。同时作物间气候响应模式也存在很大的差异。

四、黑河流域作物单位耗水量气候响应结果分析

由表 3-6 可知，黑河流域春小麦单位气候耗水量与 4 月相对湿度、4 月降水量显著负相关，与 6 月日照时数显著正相关。玉米单位气候耗水量与 5 月平均最高气温、6 月降水量显著负相关。薯类作物单位气候耗水量与 6 月日照时数、7 月平均最高气温、7 月平均气温显著正相关，与 7 月相对湿度显著负相关。棉花单位气候耗水量与 6 月风速、6 月平均最高气温、6 月日照时数、7 月风速、8 月风速显著正相关，与 6 月降水量显著负相关。胡麻单位气候耗水量与 7 月降水量显著负相关。油菜单位气候耗水量与 5 月降水量、6 月平均最高气温、6 月平均气温、7 月降水量显著正相关。蔬菜作物单位气候耗水量与 5 月平均最高气温、5 月平均气温显著正相关，与 5 月降水量显著负相关。瓜类作物单位气候耗水量与 7 月降水量、7 月相对湿度显著负相关，与 7 月平均气温、8 月风速显著正相关。苹果单位气候耗水量与 5 月降水量、6 月风速、7 月风速、8 月风速、8 月日照时数显著正相关。葡萄单位气候耗水量与 7 月平均最高气温显著正相关，与 8 月平均气温显著负相关。

表 3-6　黑河流域气候耗水量与气候要素等级相关系数

指标	春小麦	玉米	薯类	棉花	胡麻	油菜	蔬菜	瓜类	苹果	葡萄
W_4	0.181	—	—	0.131	—	0.305	−0.095			
R_4	−0.458*	—	—	−0.301	—	−0.018	−0.169			
T_{min4}	−0.104			0.111		0.026	0.330			
T_{max4}	0.046			0.147		0.014	0.288			
S_4	0.123			0.129		0.358	0.373			

（续）

指标	春小麦	玉米	薯类	棉花	胡麻	油菜	蔬菜	瓜类	苹果	葡萄
P_4	−0.465*	—	—	−0.148	—	−0.087	−0.168	—	—	—
T_{ave4}	0.436*	—	—	0.288	—	−0.054	0.389	—	—	—
W_5	0.108	−0.018	0.077	0.226	−0.089	0.256	−0.028	0.114	0.272	−0.197
R_5	−0.024	−0.319	−0.133	0.200	0.101	0.182	−0.017	−0.031	0.149	−0.042
T_{min5}	0.026	−0.397	−0.137	0.359	0.164	0.360	0.249	0.172	0.288	−0.411
T_{max5}	0.059	−0.504*	−0.117	0.358	0.328	0.154	0.425*	0.174	0.207	−0.356
S_5	0.291	−0.065	0.392	0.249	0.362	0.303	0.110	0.133	0.157	0.129
P_5	0.028	−0.086	−0.155	0.311	−0.049	0.473*	−0.430*	0.082	0.458*	−0.102
T_{ave5}	−0.091	−0.154	−0.069	0.121	−0.053	0.302	0.451*	0.129	0.028	−0.319
W_6	0.185	0.002	0.108	0.435*	−0.015	0.096	0.124	0.183	0.494*	−0.267
R_6	−0.157	−0.366	−0.229	−0.094	0.063	−0.322	0.155	−0.256	−0.079	−0.003
T_{min6}	0.132	0.070	0.143	0.254	−0.016	0.389	−0.002	0.051	0.191	−0.084
T_{max6}	0.285	0.151	0.329	0.528**	0.212	0.420*	−0.055	0.267	0.339	0.059
S_6	0.426*	0.232	0.560**	0.458*	0.298	−0.057	0.021	0.316	0.316	0.332
P_6	−0.117	−0.506*	−0.082	−0.426*	0.024	−0.235	0.269	−0.210	−0.184	−0.112
T_{ave6}	0.203	0.063	0.226	0.362	0.121	0.513*	0.042	0.264	0.186	0.006
W_7	—	0.190	0.195	0.450*	0.035	0.099	−0.110	0.284	0.497*	−0.079
R_7	—	−0.255	−0.415*	−0.208	−0.320	0.346	0.276	−0.415*	−0.218	−0.392
T_{min7}	—	0.328	0.398	0.101	−0.070	0.333	−0.239	−0.004	0.148	0.311
T_{max7}	—	0.391	0.580**	0.131	0.069	0.243	−0.231	0.166	0.209	0.489*
S_7	—	0.063	−0.116	−0.060	−0.338	−0.025	−0.070	−0.086	0.088	−0.040
P_7	—	0.012	−0.262	−0.129	−0.468*	0.549**	0.179	−0.415*	−0.138	−0.373
T_{ave7}	—	0.131	0.574**	−0.007	0.088	−0.118	−0.159	0.439*	0.093	0.238
W_8	—	0.045	0.307	0.458*	—	−0.109	0.397	0.465*	0.503*	−0.207
R_8	—	0.023	−0.022	−0.258	—	−0.253	0.133	−0.273	−0.377	0.122
T_{min8}	—	—	0.186	0.015	—	0.256	−0.226	−0.154	0.046	0.173
T_{max8}	—	—	0.209	0.111	—	0.370	−0.270	−0.099	0.132	0.163
S_8	—	—	0.220	0.378	—	0.305	0.073	0.145	0.420*	0.230
P_8	—	—	0.175	−0.219	—	−0.255	−0.029	−0.182	−0.352	0.326

（续）

指标	春小麦	玉米	薯类	棉花	胡麻	油菜	蔬菜	瓜类	苹果	葡萄
T_{ave8}	—	—	−0.292	0.033	—	−0.293	−0.289	−0.042	0.053	−0.451*
W_9	—	—	—	0.332	—	—	—	—	—	—
R_9	—	—	—	0.042	—	—	—	—	—	—
T_{min9}	—	—	—	0.042	—	—	—	—	—	—
T_{max9}	—	—	—	0.011	—	—	—	—	—	—
S_9	—	—	—	0.019	—	—	—	—	—	—
P_9	—	—	—	−0.074	—	—	—	—	—	—
T_{ave9}	—	—	—	0.385	—	—	—	—	—	—

注：**表示相关系数通过显著性检验，$\alpha=0.01$；*表示相关系数通过显著性检验，$\alpha=0.05$。

综上所述，黑河流域 10 种主要作物单位气候耗水量负相关因子主要集中在降水量和相对湿度，正相关因子主要表现为平均最高气温，但在月份上不集中。

在因子筛选的基础上进行多元逐步回归分析，量化各相关因子的影响方向和影响机制。

如表 3-7 所示，黑河流域春小麦单位气候耗水量的主要气候影响因素为 6 月日照时数，拟合优度 $R^2=0.264$，6 月日照时数每增加一个单位，春小麦单位气候耗水量增加 0.042 个单位。玉米单位气候耗水量的主要气候影响因子为 6 月降水量，拟合优度 $R^2=0.188$，6 月降水量每增加一个单位，玉米单位气候耗水量减少 0.003 个单位。薯类作物单位气候耗水量的主要气候影响因子为 6 月平均日照时数，拟合优度 $R^2=0.300$，6 月日照时数每增加一个单位，薯类作物单位气候耗水量增加 0.035 个单位。棉花单位气候耗水量的主要气候影响因子为 6 月降水量、8 月平均风速，拟合优度 $R^2=0.341$，6 月降水量每增加一个单位，棉花单位气候耗水量减少 0.012 个单位，8 月风速每增加一个单位，棉花单位气候耗水量增加 0.006 个单位。胡麻单位气候耗水量的主要气候影响因子为 7 月降水量，解释力度为 19.4%，7 月降水量每增加一个单位，胡麻单位气候耗水量减少 0.011 个单位。油菜单位气候耗水量的主要气候影响因子为 5 月降水量、7 月降水量，拟合优度 $R^2=0.401$，5 月降水量每增加一个单位，油菜单位气候耗水量减少 0.03 个单位，7 月降水量每增加一个单位，油菜单位气候耗水量减少 0.015。蔬菜作物单位气候耗水量的主要气候影响因子为 5 月平均最高气温、5 月降水量，解释力度为 34.1%，5 月平均最高气温每增加一个单位，蔬菜作物单位气候耗水量增加 0.002 个单位，5 月降水量每增加一个单位，蔬菜作物单位气候耗水量减少 3.61×10^{-4} 个单位。瓜类作物单位气候耗水量的主要气候影响因子为 8 月平均风速、7 月降水量，解释力度高达 59.8%，8 月平均风速每增加一个单位，瓜类作物单位气候耗水量增加 2.12×10^{-4} 个单位，7 月降水量每增加一个单位，瓜类作物单位气候耗水量减少 2.07×10^{-4} 个单位。苹果单位气候耗水量的主要气候影响因子为 7 月风速，拟合优度 $R^2 = 0.180$，7 月平均风速每增加一个单位，苹果单位气候耗水量增加 0.006 个单位。葡萄单位气候耗水量的主要气候影响因子为 7 月平均最高气温，拟合优度 $R^2 = 0.211$，7 月平均最高气温每增加一个单位，葡萄单位气候耗水量增加 0.068 个单位。

表 3-7　黑河流域作物单位气候耗水量回归模型

作物	回归模型
小麦	$Y = -8.51 \times 10^{-11} + 0.042S_6$, $n = 22$, $R^2 = 0.264$, $P < 0.05$
玉米	$Y = 4.28 \times 10^{-11} - 0.003P_6$, $n = 22$, $R^2 = 0.188$, $P < 0.05$
薯类	$Y = 1.75 \times 10^{-10} + 0.035S_6$, $n = 22$, $R^2 = 0.300$, $P < 0.01$
棉花	$Y = 1.83 \times 10^{-10} - 0.012P_6 + 0.006W_8$, $n = 22$, $R^2 = 0.341$, $P < 0.05$
胡麻	$Y = 0.029 - 0.011P_7$, $n = 22$, $R^2 = 0.194$, $P < 0.05$
油菜	$Y = -0.073 - 0.03P_5 - 0.015P_7$, $n = 22$, $R^2 = 0.401$, $P < 0.01$
蔬菜	$Y = -8.69 \times 10^{-12} + 0.002T_{max5} - 3.61 \times 10^{-4}P_5$, $n = 22$, $R^2 = 0.341$, $P < 0.05$
瓜类	$Y = 4.38 \times 10^{-11} + 2.12 \times 10^{-4}W_8 - 2.07 \times 10^{-4}P_7$, $n = 22$, $R^2 = 0.598$, $P < 0.01$
苹果	$Y = 3.102 \times 10^{-11} + 0.006W_7$, $n = 22$, $R^2 = 0.180$, $P < 0.05$
葡萄	$Y = 3.463 \times 10^{-11} + 0.068T_{max7}$, $n = 22$, $R^2 = 0.211$, $P < 0.05$

五、疏勒河流域作物单位耗水量气候响应结果分析

由表 3-8 可知，疏勒河流域春小麦单位气候耗水量与 5 月风速、7 月最高气温显著正相关，与 7 月相对湿度、7 月降水量显著负相关。玉米单位气候耗水量与 7 月最高气温、7 月日照时数显著正相关，与 7 月降水量显著负相关。薯类作物单位气候耗水量与 7 月平均最低气温、8 月平均最高气温、8 月平均最低气温显著负相关。棉花单位气候耗水量与 4 月降水量显著负相关。胡麻单位气候耗水量与 7 月降水量显著负相关。油菜单位气候耗水量与 5 月相对湿度、6 月相对湿度、6 月降水量显著负相关，与 5 月日照时数、6 月日照时数显著正相关。蔬菜作物单位气候耗水量与 5 月风速、7 月相对湿度、7 月降

水量、8月相对湿度显著正相关，与4月风速、6月风速、8月日照时数显著负相关。瓜类作物单位气候耗水量与5月风速、7月风速显著正相关。苹果单位气候耗水量与6月风速显著正相关，与7月相对湿度、7月降水量显著负相关。葡萄单位气候耗水量与7月降水量显著负相关。

表3-8　疏勒河流域气候耗水量与气候要素等级相关系数

指标	春小麦	玉米	薯类	棉花	胡麻	油菜	蔬菜	瓜类	苹果	葡萄
W_4	0.166	—	—	0.225	—	−0.042	−0.465*	—	—	—
R_4	−0.176	—	—	−0.211	—	−0.114	−0.046	—	—	—
T_{min4}	−0.168	—	—	0.011	—	−0.410	0.030	—	—	—
T_{max4}	−0.079	—	—	0.088	—	−0.244	0.151	—	—	—
S_4	−0.077	—	—	0.001	—	0.140	0.316	—	—	—
P_4	−0.181	—	—	−0.520*	—	−0.033	−0.133	—	—	—
T_{ave4}	0.030	—	—	0.093	—	−0.153	0.143	—	—	—
W_5	0.465*	0.261	0.049	−0.003	0.354	0.229	0.416*	0.448*	0.125	−0.047
R_5	−0.345	0.025	0.075	−0.026	−0.220	−0.635**	−0.210	0.124	0.075	−0.002
T_{min5}	−0.161	−0.063	−0.114	−0.273	0.052	−0.158	0.098	0.012	−0.110	−0.210
T_{max5}	0.035	−0.199	−0.265	−0.295	0.030	0.198	0.204	−0.033	−0.098	−0.206
S_5	0.220	−0.270	−0.345	−0.065	0.050	0.614**	0.126	0.024	−0.161	0.019
P_5	−0.341	−0.184	−0.179	−0.111	−0.214	−0.120	−0.022	0.029	−0.006	−0.349
T_{ave5}	0.104	−0.188	−0.278	−0.225	0.176	0.232	0.107	0.029	−0.077	−0.098
W_6	0.405	0.245	0.232	0.116	0.347	0.078	−0.543**	0.210	0.578**	0.123
R_6	−0.333	0.165	0.108	−0.189	−0.281	−0.546*	−0.123	−0.001	−0.272	0.225
T_{min6}	−0.147	0.023	−0.230	−0.092	0.168	−0.205	−0.065	−0.146	0.193	−0.061
T_{max6}	0.115	0.003	−0.281	0.123	0.184	0.197	0.247	0.006	0.058	−0.068
S_6	0.341	0.076	−0.173	0.209	0.270	0.632**	0.294	−0.033	0.014	0.064
P_6	−0.384	−0.068	−0.118	−0.244	−0.299	−0.531*	−0.247	0.128	−0.149	−0.007
T_{ave6}	0.005	−0.021	−0.209	0.025	0.181	0.121	0.125	−0.171	0.138	−0.154
W_7	0.339	0.141	−0.278	0.331	0.362	−0.059	−0.174	0.427*	0.302	0.072
R_7	−0.509*	−0.314	0.055	−0.228	−0.350	−0.076	0.454*	−0.007	−0.455*	−0.199
T_{min7}	0.126	0.068	−0.466*	0.091	0.115	−0.037	−0.120	0.148	0.132	0.040
T_{max7}	0.482*	0.439*	−0.360	0.219	0.265	−0.024	−0.192	0.220	0.222	0.409

（续）

指标	春小麦	玉米	薯类	棉花	胡麻	油菜	蔬菜	瓜类	苹果	葡萄
S_7	0.139	0.588**	−0.134	0.252	0.371	−0.257	−0.256	−0.063	0.379	0.397
P_7	−0.538**	−0.622**	−0.040	−0.313	−0.429*	0.018	0.447*	−0.096	−0.418*	−0.483*
T_{ave7}	0.333	0.361	−0.333	0.212	0.191	−0.067	−0.294	0.142	0.228	0.315
W_8	—	0.224	−0.049	0.243	—	0.240	0.244	0.053	0.321	−0.134
R_8	—	−0.096	0.042	−0.151	—	0.185	0.440*	−0.072	−0.297	0.117
T_{min8}	—	−0.161	−0.575**	−0.170	—	−0.088	0.174	0.041	−0.244	−0.074
T_{max8}	—	0.151	−0.613**	0.165	—	−0.272	−0.210	0.268	0.068	0.259
S_8	—	0.114	0.163	0.184	—	−0.146	−0.542**	0.086	0.214	0.152
P_8	—	−0.142	0.248	−0.128	—	0.424	0.282	−0.281	−0.145	0.088
T_{ave8}	—	−0.051	−0.650**	−0.015	—	−0.291	−0.066	0.251	−0.135	0.084
W_9	—	—	—	0.245	—	—	—	—	—	0.089
R_9	—	—	—	0.067	—	—	—	—	—	0.369
T_{min9}	—	—	—	0.082	—	—	—	—	—	0.034
T_{max9}	—	—	—	−0.110	—	—	—	—	—	−0.406
S_9	—	—	—	−0.278	—	—	—	—	—	−0.130
P_9	—	—	—	−0.052	—	—	—	—	—	0.143
T_{ave9}	—	—	—	−0.104	—	—	—	—	—	−0.310

注：**表示相关系数通过显著性检验，$\alpha=0.01$；*表示相关系数通过显著性检验，$\alpha=0.05$。

综合疏勒河流域 10 种主要作物可知，相对湿度和降水量是作物单位气候耗水量的主要负相关因子，且主要集中在 7 月。10 种主要作物单位气候耗水量的主要正相关因子多不显著，且不同作物间差异较大。

在因子筛选的基础上进行多元逐步回归分析，对黑河流域作物单位气候耗水量各相关因子的影响方向和影响机制进行量化分析。

如表 3-9 所示，疏勒河流域春小麦单位气候耗水量的主要抑制因子为 7 月相对湿度，主要驱动因子为 5 月风速，解释力度达 41.1%，7 月相对湿度增加一个单位，春小麦单位气候耗水量减少 0.008，5 月风速每增加一个单位，春小麦单位气候耗水量增加 0.001。玉米单位气候耗水量的气候抑制因子为 7 月相对湿度，拟合优度 $R^2=0.419$，7 月相对湿度每增加一个单位，玉米单位气候耗水量减少 0.004。薯类作物单位气候耗水量的显著抑制因子为 8 月平均最低气温，拟合优度 $R^2=0.27$，8 月平均最低气温每增加一个单位，薯类作物单位气候耗水量减少 0.092。棉花单位气候耗水量的抑制因素为 4 月降水量，解释力度为 21%，回归系数为 -0.021。胡麻单位气候耗水量的主要抑制因子为 7 月降水量，拟合优度 $R^2=0.188$，7 月降水量每增加一个单位，单位作物气候耗水量减少 0.012 个单位。油菜单位气候耗水量的主要气候影响因子为 5 月和 6 月日照时数，解释力度高达 76%，5 月和 6 月日照时数分别每增加一个单位，油菜单位气候耗水量则分别增加 1.389、1.439 个单位。蔬菜作物单位气候耗水量的驱动因子为 5 月风速，抑制因子为 4 月风速和 6 月风速，拟合优度 $R^2=0.688$，4 月风速、6 月风速分别每增加一个单位，对应蔬菜作物单位气候耗水量减少 1.21×10^{-4}、2.38×10^{-4} 个单位，5 月风速每增加一个单位，蔬菜作物单位气候耗水量增加 2.28×10^{-4} 个单位。瓜类作物单位气候耗水量的主要驱动因子为 5 月风速，拟合优度 $R^2=0.203$，5 月平均风速每增加一个单位，瓜类作物单位气候耗水量增加 2.61×10^{-4} 个单位。苹果单位气候耗水量主要驱动因子为 6 月风速，拟合优度 $R^2=0.439$，6 月风速每增加一个单位，作物单位气候耗水量增加 0.007 个单位。葡萄单位气候耗水量的主要气候抑制因子为 7 月降水量，解释力度为 20.5%，7 月降水量每增加一个单位，葡萄单位气候耗水量减少 0.013 个单位。

表 3-9　疏勒河流域作物单位气候耗水量回归模型

作物	回归模型
小麦	$Y=-8.717\times10^{-11}+0.001W_5-0.008R_7$，$n=22$，$R^2=0.411$，$P<0.01$
玉米	$Y=-8.618\times10^{-11}-0.004R_7$，$n=22$，$R^2=0.419$，$P<0.01$
薯类	$Y=0.036-0.092T_{\min8}$，$n=22$，$R^2=0.27$，$P<0.05$
棉花	$Y=5.425\times10^{-12}-0.021P_4$，$n=22$，$R^2=0.211$，$P<0.05$
胡麻	$Y=0.056-0.012P_7$，$n=22$，$R^2=0.188$，$P<0.05$
油菜	$Y=-0.334+1.439S_6+1.389S_5$，$n=22$，$R^2=0.763$，$P<0.01$
蔬菜	$Y=8.646\times10^{-11}-1.21\times10^{-4}W_4+2.28\times10^{-4}W_5-2.38\times10^{-4}W_6$，$n=22$，$R^2=0.688$，$P<0.01$
瓜类	$Y=-1.311\times10^{-10}+2.61\times10^{-4}W_5$，$n=22$，$R^2=0.203$，$P<0.05$
苹果	$Y=-3.762\times10^{-11}+0.007W_6$，$n=22$，$R^2=0.439$，$P<0.01$
葡萄	$Y=-4.056\times10^{-11}-0.013P_7$，$n=22$，$R^2=0.205$，$P<0.05$

◆ **本章小结**

通过对不同流域1991—2013年10种作物单位耗水量进行高通滤波分离，分析了主要作物单位气候耗水量以及社会经济耗水量的时序变化特征，总结其变化规律并验证了分离方法的合理性，在此基础上运用多元回归模型对作物单位气候耗水量的气候影响因子进行了量化分析，结果表明：

（1）基于高通滤波法，1991—2013年石羊河流域油菜、葡萄、棉花、胡麻、苹果单位气候耗水量波动较大，且所有作物单位气候耗水量渐趋稳定；春小麦、玉米、薯类作物、棉花、胡麻、油菜、苹果主要受农业技术的影响，单位经济技术耗水量呈缓慢下降趋势。黑河流域油菜、葡萄、胡麻、苹果、棉花单位气候耗水量随时间的波动较大，除春小麦和瓜类作物外，其余作物单位气候耗水量均渐趋稳定；春小麦、薯类作物、棉花、胡麻、油菜、蔬菜作物、苹果、葡萄的单位经济技术耗水量变化趋势与技术发展的一般变化规律相似，呈现先下降又渐趋平稳的特点，而玉米单位经济技术耗水变化趋势主要受作物品种更新调整的影响，与单纯经济技术的发展轨迹明显不相符。疏勒河流域胡麻、葡萄、棉花、苹果、薯类作物单位气候耗水量波动均较大，薯类作物、棉花、胡麻、油菜、蔬菜作物、苹果单位耗水量渐趋稳定；苹果、薯类作物、油菜、棉花、胡麻、经济技术耗水量的变化趋势符合农业技术发展轨迹，受经济技术的影响较大，春小麦、玉米的单位经济技术耗水量呈现先下降后上涨的趋势，说明粮食作物单位经济技术耗水量的变化趋势是经济技术因子和农业政策双重作用的结果。基于高通滤波法分离的各作物单位经济技术耗水量均基本符合本区域农业技术发展实际，是一种科学有效的分离方法。

（2）通过作物单位气候耗水量与气候相关因子进行多元回归分析，得出作物气候耗水响应机制的作物间差异：石羊河流域，春小麦单位气候耗水量增加的主要抑制因子为5月相对湿度，玉米、薯类作物、瓜类作物、苹果主要驱动因子均为7月平均最高气温，棉花主要驱动因子为7月平均最高气温、5月日照时数、5月平均相对湿度，胡麻主要驱动因子为7月平均最高气温、5月日照时数，油菜主要抑制因子为7月平均最高气温、主要驱动因子为7月平均气温，蔬菜主要驱动因子为5月平均日照时数、8月平均风速，葡萄主要抑制因子为5月平均风速、驱动因子为7月平均最高气温；黑河流域春小麦、薯类作物单位气候耗水量增加的主要驱动因子为6月日照时数，玉米主要抑制因子为6月降水量，棉花主要抑制因子为6月降水量、驱动因子为8月平均风速，胡麻抑制因子为7月降水量，油菜主要抑制因子为5月和7月降水量，蔬菜作物主要驱动因子为 5 月平均最高气温、抑制因子为 5 月降水量，瓜类作物主要驱动因子为 8 月平均风速、抑制因子为 7 月降水量，苹果主要驱动因子为 7 月风速，葡萄主要驱动因子为 7 月平均最高气温；疏勒河流域春小麦单位气候耗水量的主要抑制因子为 7 月相对湿度、驱动因子为 5 月风速，玉米抑制因子为 7 月相对湿度，薯类作物主要抑制因子为 8 月平均最低气温，棉花主要抑制因子为 4 月降水量，胡麻主要抑制因子为 7 月降水量，油菜主要驱动因子为 5 月和 6 月日照时数，蔬菜作物主要抑制因子为 4 月和 6 月风速、驱动因子为 5 月风速，瓜类作物主要驱动因子为 5 月风速，苹果主要驱动因子为 6 月风速，葡萄主要抑制因子为 7 月降水量。

（3）气候耗水响应机制的流域间差异：石羊河流域多数作物单位气候耗水量气候影响因子集中在 7 月平均最高气温，且表现为正向驱动；黑河流域多数作物单位气候耗水量主要抑制因子为 5—7 月降水，驱动因子为 7—8 月风速；疏勒河流域多数作物单位气候耗水量主要气候响应因子为 5—6 月风速和 7 月降水量，且风速基本为驱动因子，降水为抑制因子；除石羊河流域外，其他流域气温变化并未成为多数作物气候耗水量波动的主要气候因子，所以黑河流域、疏勒河流域主要作物耗水量的变化对全球气候变暖大趋势的响应尚不明朗。

第四章

基于 LMDI 分解的作物耗水量及灰水需求量变化经济技术响应

第一节　LMDI 分解方法

因素分解法最早是由国外学者 Ang 等（2001）提出，目的是用来分析不同的驱动要素对研究目标的影响程度。指数分解法（Index decomposition analysis，IDA）是因素分解方法中应用较为普遍的方法之一，包括 Divisia 指数分解法、Laspeyres 指数分解法等。因素分解法的主要优势是对原始数据要求不高，方法使用也较为简单、灵便，分解形式有加法分解模式以及乘法分解模式两种，在对变量进行时空变化分析时表现出明显的优势（Ang et al.，1994；Liu et al.，1992）。Ang 等在前人研究的基础上改进了 Divisia 指数分解法，进而提出一种改进算法——对数平均迪氏指数分解法（Logarithmic mean divisia index，LMDI)，该算法能够合理地处理以前分解算法中存在的剩余残差问题，并提出了具有前沿意义的对数平均权重表达方程，可以兼顾分解数量指标以及强度指标两种指标体系的优点，因此在分析经济环境问题以及能源需求等问题时有很大的应用空间（Ang et al.，2001）。

一、Kaya 恒等式扩展模型

Kaya 恒等式最早由日本学者 Yoichi Kaya 等（1989）在举办第一次 IPCC 学术研讨会中提出来，并逐渐在计算碳排放过程中得到广泛应用，成为第一种核算方法。本书在传统算法的基础上进行了改进，提出了新的作物耗水以及灰水需求量变化分解计算的模型：

$$W_{ij} = \sum_i \sum_j \frac{W_{ij}}{GDP_{ij}} \times \frac{GDP_{ij}}{GDP_i} \times \frac{GDP_i}{ADP_i} \times \frac{ADP_i}{P_i} \times P_i \quad (4-1)$$

$$G_{ij} = \sum_i \sum_j \frac{G_{ij}}{GDP_{ij}} \times \frac{GDP_{ij}}{GDP_i} \times \frac{GDP_i}{ADP_i} \times \frac{ADP_i}{P_i} \times P_i \quad (4-2)$$

式中，W_{ij} 为 i 产业 j 类作物的耗水量，G_{ij} 为 i 产业 j 类作物的灰水需求量，GDP_{ij} 为 i 产业 j 类作物的真实总产值，GDP_i 为 i 产业主要作物的真实总产值，ADP_i 为河西地区真实农林牧渔业总产值，P_i 为区域 i 的农业人口总数。

由式（4-1）、式（4-2）可以进一步构建出第 k 年河西分流域主要作物耗水以及灰水需求量分解模型，具体为：

$$W_{ij}^t = \sum_i \sum_j \frac{W_{ij}^t}{GDP_{ij}^t} \times \frac{GDP_{ij}^t}{GDP_i^t} \times \frac{GDP_i^t}{ADP_i^t} \times \frac{ADP_i^t}{P_i^{\ t}} \times P_i^{\ t}$$

$$= \sum_i \sum_j P_i^{\ t} \cdot A_i^t \cdot I_i^t \cdot C_{ij}^t \cdot S_{ij}^t \qquad (4-3)$$

$$G_{ij}^t = \sum_i \sum_j \frac{G_{ij}^t}{GDP_{ij}^t} \times \frac{GDP_{ij}^t}{GDP_i^t} \times \frac{GDP_i^t}{ADP_i^t} \times \frac{ADP_i^t}{P_i^{\ t}} \times P_i^{\ t}$$

$$= \sum_i \sum_j P_i^{\ t} \cdot A_i^t \cdot I_i^t \cdot C_{ij}^t \cdot L_{ij}^t \qquad (4-4)$$

式中，W_{ij}^t 为 i 产业 j 种作物的耗水量；G_{ij}^t 为 i 产业 j 作物的灰水需求量；P_t 为截至第 t 年河西地区的农业人口总数；$A_i^t = \dfrac{ADP_i^t}{P_i^t}$，表示第 t 年人均农业总产值，代表河西地区农业经发展状况；$I_i^t = \dfrac{GDP_i^t}{ADP_i^t}$，为河西地区流域 i 在第 t 年的种植业总产值占农业（农林牧渔业）总产值比例，代表产业结构调整；$C_{ij} = \dfrac{GDP_{ij}^t}{GDP_i^t}$ 为 i 产业 j 作物产值占产业主要作物总产值的比例，代表产业内部农业种植结构调整；$S_{ij}^t = \dfrac{W_{ij}^t}{GDP_{ij}^t}$ 为第 t 年河西地区流域 i 第 j 种作物的万元产值耗水量；$L_{ij}^t = \dfrac{G_{ij}^t}{GDP_{ij}^t}$ 为第 t 年河西地区流域 i 第 j 种作物类型万元 GDP 灰水需求量。

二、农业发展需水量（耗水量和灰水需求量）LMDI 分解模型

LMDI 的分解形式有两种，分别为加法形式和乘法形式，且这两种模式可以通过某种数学算法相互转换。

1. 作物耗水量以及灰水需求量变化的 LMDI 加法分解形式　河西农业发展耗水量以及灰水需求量的时间序列变化主要受到产业结构调整、作物种植结构变化、农业经济发展、作物耗水强度（作物灰水强度）以及人口变化 5 个方面的影响，因此河西主要作物生长期内耗水量以及灰水需求量的 LMDI 分解方程可以分别表示为：

$$W^t - W^0 = \Delta W_{tot} = \Delta W_P + \Delta W_A + \Delta W_I + \Delta W_C + \Delta W_S \qquad (4-5)$$

$$G^t - G^0 = \Delta G_{tot} = \Delta G_P + \Delta G_A + \Delta G_I + \Delta G_C + \Delta G_S \qquad (4-6)$$

式中，ΔW_{tot}、ΔG_{tot}分别为主要作物耗水总变化量和灰水需求总变化量，它们的取值是各个因素效应的加和，也就是加法分解下的总分解效应值，是多效应驱动下的耗水变化量以及总灰水需求变化量，m^3；ΔW_P、ΔG_P分别为在加法分解模式下的作物耗水及作物灰水变化的人口规模效应，反映的是农业总人口的变化对作物总耗水量以及作物总灰水需求量的影响效应，m^3；ΔW_A、ΔG_A为基于加法分解模式的农业经济发展效应，分别反映地区农业经济发展变动对作物耗水量以及总灰水需求量波动的影响，m^3；ΔW_I、ΔG_I为加法分解模式下的产业结构效应，指的是不同流域种植业总产值占农林牧渔业总产值的比重对作物耗水量以及灰水需求量变化的影响；ΔW_C、ΔG_C分别为产业内部作物种植结构的变动对作物耗水量以及灰水需求量变化的影响，反映的是加法分解模式下种植结构调整效应；ΔW_S、ΔG_S分别为在加法分解模式下不同作物万元GDP耗水量以及万元GDP灰水需求量的变化对作物总耗水量以及总灰水需求量变化的影响，反映的是水资源强度效应，m^3。作物耗水量以及作物灰水需求量各因素影响效应计算方法分别如下：

加法分解模式下的人口规模效应：

$$\Delta W_P = \sum_{ij} \frac{(W_{ij}^t - W_{ij}^0)}{(\ln W_{ij}^t - \ln W_{ij}^0)} \cdot \ln\left(\frac{P_i^t}{P_i^0}\right) \qquad (4-7)$$

$$\Delta G_P = \sum_{ij} \frac{(G_{ij}^t - G_{ij}^0)}{(\ln G_{ij}^t - \ln G_{ij}^0)} \cdot \ln\left(\frac{P_i^t}{P_i^0}\right) \qquad (4-8)$$

加法分解模式下的农业经济发展效应：

$$\Delta W_A = \sum_{ij} \frac{(W_{ij}^t - W_{ij}^0)}{(\ln W_{ij}^t - \ln W_{ij}^0)} \cdot \ln\left(\frac{A_i^t}{A_i^0}\right) \qquad (4-9)$$

$$\Delta G_A = \sum_{ij} \frac{(G_{ij}^t - G_{ij}^0)}{(\ln G_{ij}^t - \ln G_{ij}^0)} \cdot \ln\left(\frac{A_i^t}{A_i^0}\right) \qquad (4-10)$$

加法分解模式下的产业结构效应：

$$\Delta W_I = \sum_{ij} \frac{(W_{ij}^t - W_{ij}^0)}{(\ln W_{ij}^t - \ln W_{ij}^0)} \cdot \ln\left(\frac{I_i^t}{I_i^0}\right) \qquad (4-11)$$

$$\Delta G_I = \sum_{ij} \frac{(G_{ij}^t - G_{ij}^0)}{(\ln G_{ij}^t - \ln G_{ij}^0)} \cdot \ln\left(\frac{I_i^t}{I_i^0}\right) \qquad (4-12)$$

加法分解模式下的种植结构调整效应：

$$\Delta W_C = \sum_{ij} \frac{(W_{ij}^t - W_{ij}^0)}{(\ln W_{ij}^t - \ln W_{ij}^0)} \cdot \ln\left(\frac{C_i^t}{C_i^0}\right) \qquad (4-13)$$

$$\Delta G_C = \sum_{ij} \frac{(G_{ij}^t - G_{ij}^0)}{(\ln G_{ij}^t - \ln G_{ij}^0)} \cdot \ln\left(\frac{C_i^t}{C_i^0}\right) \qquad (4-14)$$

加法分解模式下的水资源强度效应：

$$\Delta W_{\mathrm{S}} = \sum_{ij} \frac{(W_{ij}^{t} - W_{ij}^{0})}{(\ln W_{ij}^{t} - \ln W_{ij}^{0})} \cdot \ln\left(\frac{S_{i}^{t}}{S_{i}^{0}}\right) \qquad (4-15)$$

$$\Delta G_{\mathrm{S}} = \sum_{ij} \frac{(G_{ij}^{t} - G_{ij}^{0})}{(\ln G_{ij}^{t} - \ln G_{ij}^{0})} \cdot \ln\left(\frac{S_{i}^{t}}{S_{i}^{0}}\right) \qquad (4-16)$$

在加法分解模式下，如果各分解因素所得效应值为正，则对作物耗水量以及灰水需求量的影响表现为促进作用（增量效应）；若效应值小于零，则对作物耗水量以及灰水需求量表现为抑制效应（减量效应），效应绝对值越大表明分解因素的促进或者抑制作用越强；如果效应值为 0，那就表明该分解因素对作物耗水或者作物灰水需求量的波动变化基本没有影响。

2. 作物耗水量以及灰水需求量变化的 LMDI 乘法分解形式 在乘法分解形式下，作物耗水变化以及作物灰水需求量 LMDI 分解公式分别为：

$$D_{\mathrm{tot}} = \frac{W_{t}}{W_{0}} = \Delta D_{\mathrm{P}} \cdot \Delta D_{\mathrm{A}} \cdot \Delta D_{\mathrm{I}} \cdot \Delta D_{\mathrm{C}} \cdot \Delta D_{\mathrm{S}} \qquad (4-17)$$

$$E_{\mathrm{tot}} = \frac{G_{t}}{G_{0}} = \Delta G_{\mathrm{P}} \cdot \Delta G_{\mathrm{A}} \cdot \Delta G_{\mathrm{I}} \cdot \Delta G_{\mathrm{C}} \cdot \Delta G_{\mathrm{S}} \qquad (4-18)$$

式中，D_{tot}、E_{tot} 分别为报告期第 t 年与初始年份主要作物灌溉需水量比值、报告期第 t 年与初始年份作物灰水需求量的比值，其值是由各分解因素效应值的乘积所得，就是指在乘法分解模式下的总效应。式（4-17）中各分项分别为在乘法分解形式下河西地区作物耗水变化的人口规模效应、农业经济发展效应、产业结构效应、种植结构调整效应以及水资源强度效应；式（4-18）中各分项分别为作物灰水需求变化的人口规模效应、农业经济发展效应、产业结构效应、种植结构调整效应和水资源强度效应。

作物耗水量和作物灰水需求量各分解因素的具体算法分别为：

乘法分解模式下的人口规模效应：

$$D_{\mathrm{P}} = \exp\left[\sum_{ij} \frac{(W_{ij}^{t} - W_{ij}^{0})/(\ln W_{ij}^{t} - \ln W_{ij}^{0})}{(W^{t} - W^{0})/(\ln W^{t} - \ln W^{0})} \ln\left(\frac{P_{i}^{t}}{P_{i}^{0}}\right) \right] \quad (4-19)$$

$$E_{\mathrm{P}} = \exp\left[\sum_{ij} \frac{(G_{ij}^{t} - G_{ij}^{0})/(\ln G_{ij}^{t} - \ln G_{ij}^{0})}{(G^{t} - G^{0})/(\ln G^{t} - \ln G^{0})} \ln\left(\frac{P_{i}^{t}}{P_{i}^{0}}\right) \right] \quad (4-20)$$

乘法分解模式下的农业经济发展效应：

$$D_{\mathrm{A}} = \exp\left[\sum_{ij} \frac{(W_{ij}^{t} - W_{ij}^{0})/(\ln W_{ij}^{t} - \ln W_{ij}^{0})}{(W^{t} - W^{0})/(\ln W^{t} - \ln W^{0})} \ln\left(\frac{A_{i}^{t}}{A_{i}^{0}}\right) \right] \quad (4-21)$$

$$E_{\mathrm{A}} = \exp\left[\sum_{ij} \frac{(G_{ij}^{t} - G_{ij}^{0})/(\ln G_{ij}^{t} - \ln G_{ij}^{0})}{(G^{t} - G^{0})/(\ln G^{t} - \ln G^{0})} \ln\left(\frac{A_{i}^{t}}{A_{i}^{0}}\right) \right] \quad (4-22)$$

乘法分解模式下的产业结构效应：

$$D_{\mathrm{I}} = \exp\left[\sum_{ij} \frac{(W_{ij}^{t} - W_{ij}^{0})/(\ln W_{ij}^{t} - \ln W_{ij}^{0})}{(W^{t} - W^{0})/(\ln W^{t} - \ln W^{0})} \ln\left(\frac{I_{i}^{t}}{I_{i}^{0}}\right) \right] \quad (4-23)$$

$$E_\mathrm{I} = \exp\left[\sum_{ij} \frac{(G_{ij}^t - G_{ij}^0)/(\ln G_{ij}^t - \ln G_{ij}^0)}{(G^t - G^0)/(\ln G^t - \ln G^0)} \ln\left(\frac{I_i^t}{I_i^0}\right)\right] \quad (4-24)$$

乘法分解模式下的种植结构调整效应：

$$D_\mathrm{C} = \exp\left[\sum_{ij} \frac{(W_{ij}^t - W_{ij}^0)/(\ln W_{ij}^t - \ln W_{ij}^0)}{(W^t - W^0)/(\ln W^t - \ln W^0)} \ln\left(\frac{C_{ij}^t}{C_{ij}^0}\right)\right]$$

$$(4-25)$$

$$E_\mathrm{C} = \exp\left[\sum_{ij} \frac{(G_{ij}^t - G_{ij}^0)/(\ln G_{ij}^t - \ln G_{ij}^0)}{(G^t - G^0)/(\ln G^t - \ln G^0)} \ln\left(\frac{C_{ij}^t}{C_{ij}^0}\right)\right] \quad (4-26)$$

乘法分解模式下的水资源强度效应：

$$D_\mathrm{S} = \exp\left[\sum_{ij} \frac{(W_{ij}^t - W_{ij}^0)/(\ln W_{ij}^t - \ln W_{ij}^0)}{(W^t - W^0)/(\ln W^t - \ln W^0)} \ln\left(\frac{S_{ij}^t}{S_{ij}^0}\right)\right]$$

$$(4-27)$$

$$E_\mathrm{L} = \exp\left[\sum_{ij} \frac{(G_{ij}^t - G_{ij}^0)/(\ln G_{ij}^t - \ln G_{ij}^0)}{(G^t - G^0)/(\ln G^t - \ln G^0)} \ln\left(\frac{L_{ij}^t}{L_{ij}^0}\right)\right] \quad (4-28)$$

在乘法分解形式下，如果分解因素的效应值大于1，那么对作物耗水量或者灰水需求量的影响就表现为正向的驱动作用；当分解因素效应值小于1时就表现为负向的抑制作用。同时，效应值偏离1的程度越大，则相应的抑制或推动作用就越大。

相比乘法分解模式，加法分解模式可以更加清楚地表现各个分解因素对总作物耗水量与总灰水需求量时间序列波动的影响，更加直观，算法也相对简单，因此本书主要采取了加法分解模式进行问题分析。

三、数据来源

1991—2013年河西地区10种主要作物春小麦、玉米、薯类、棉花、胡麻、油菜、蔬菜、瓜类、苹果和葡萄的现价总产值、单位现价产值、农林牧渔业总产值、农业总产值指数、农产品生产价格指数数据来自历年《甘肃省统计年鉴》；市县人口、GDP、农业总产值数据来自历年《甘肃农村年鉴》以及1991—2013年《全国分县市人口统计资料》；农林牧渔业总产值、分作物单位现价产值数据均以1991年为基期，用农业总产值指数对数据进行了平减处理；分流域亩化肥施用实物量数据来自1991—2014年《甘肃农村年鉴》；分作物历年亩氮肥施用折纯量来自1991—2014年《全国农产品成本收益资料汇编》，缺失的作物类型按与之相近的作物类型来计算，对于未统计作物亩化肥施用折纯量的年份，则通过计算不同流域1991—2013年化肥施用实物量的增长率来间接获得。

第二节　河西地区作物耗水量和灰水需求量
变化分解因素时序概况

一、农业经济发展概况

为了更好地分析研究期内作物耗水量和灰水需求量的农业经济发展效应、人口规模效应、产业结构效应、种植结构调整效应和水资源强度效应（耗水强度、灰水强度）的时间序列变化特征，以及深入分析理解各分解效应对耗水量和灰水需求量的影响机制及原因，首先对 1991—2013 年农业经济发展和农业人口时间序列变化进行了概述，具体结果如下（图 4-1）：

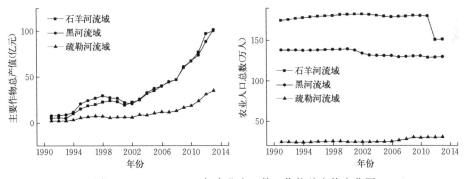

图 4-1　1991—2013 年农业人口数、作物总产值变化图

1991—2013 年河西地区石羊河流域农业人口总数最大，其次是黑河流域，疏勒河流域最少，且石羊河流域、黑河流域以及整个河西地区农业总人口数均存在波动下降的趋势。各流域农业人口总数均存在时间序列阶段性变化，其中疏勒河流域后 5 年农业人口总数显著增加，说明整体上河西地区城镇化率在逐年提高。其中，石羊河流域农业人口总数减少，究其原因主要是：从 2012 年开始，金昌市进行户籍制度改革，取消农业户口，农业人口变为零，所以农业人口总数在 2012 年发生突变；疏勒河流域农业人口变化特征主要是受政策、城市变迁等外在因素的影响，如玉门市 2000 年以后受到石油枯竭城市转型这一外力影响，城镇化率也受到显著的影响，农业人口明显增加。

1991—2013 年河西地区及分流域主要作物总产值均呈现波动上涨的趋势，且线性趋势显著，年均作物总产值分别为 3.56×10^9 元、3.73×10^9 元、1.10×10^9 元和 8.39×10^9 元，河西地区（y_1）、石羊河流域（y_2）、黑河流域（y_3）、疏勒河流域（y_4）线性方程和拟合优度分别为：

$$y_1 = 8 \times 10^8 x - 2 \times 10^9,\ R^2 = 0.827$$

$$y_2 = 4 \times 10^8 x - 9 \times 10^8,\ R^2 = 0.845$$

$$y_3 = 3 \times 10^8 x - 4 \times 10^8,\ R^2 = 0.825$$

$$y_4 = 10^8 x - 3 \times 10^8,\ R^2 = 0.752$$

二、作物种植结构演变

由图4-2可知，研究期内石羊河流域粮食作物（春小麦和玉米）产值占比呈显著的下降趋势，分别从1991年的0.57、0.10减少为2013年的0.05和0.15。油料作物（胡麻、油菜）产值占比也逐年下降，下降速度仅次于粮食作物，占比分别从1991年的0.042、0.039下降为2013年的0.020和0.004。1991—2013年薯类作物、棉花、蔬菜作物、苹果、葡萄产值占比随时间均呈上升趋势，占比分别从1991年的0.057、0.005、0.125、0.009、0.0003增加为2013年的0.089、0.070、0.506、0.038、0.021。其中，蔬菜作物产值占比上升趋势最为显著，截至2013年是产值占比最高的作物；瓜类作物产值占比时间序列波动性较大，趋势不显著。

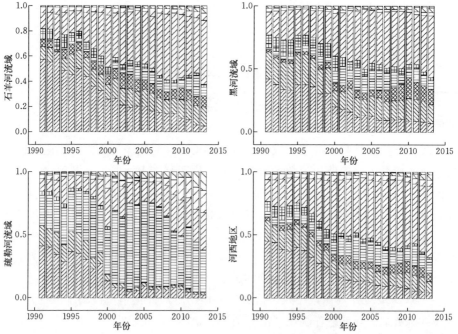

图4-2 1991—2013年分地区不同作物产值占比

黑河流域粮食作物（春小麦、玉米）产值占比在研究期内随时间呈显著下降趋势，其中春小麦作物从 1991 年的 0.420 下降为 2013 年的 0.071，玉米从 0.216 下降为 0.148。1991—2013 年油料作物（胡麻、油菜）产值占比随时间显著下降，分别从 1991 年的 0.031、0.067 下降为 2013 年的 0.004、0.021。薯类作物、蔬菜作物、苹果和葡萄在研究期内显著上升，占比分别从 0.017、0.183、0.019、0.001 增加为 0.120、0.488、0.037、0.015，其中蔬菜作物占比最高。1991—2013 年棉花产值占比时间序列变化阶段性明显，1991—2003 年显著上升，从 0.016 增加为 0.181，2004—2013 年下降趋势显著，降为 0.070。研究期内蔬菜作物产值占比随时间波动性较大，趋势性不明显。

1991—2013 年疏勒河流域粮食作物（春小麦、玉米）产值占比随时间显著下降，分别从 1991 年的 0.412、0.159 降低为 2013 年的 0.023、0.017。油料作物（胡麻、油菜）产值占比在研究期内随时间也呈下降趋势。棉花产值占比表现为不显著的上升趋势，从 1991 年的 0.239 增加为 0.335。苹果产值占比在研究期内显著下降，从 0.009 减少为 0.002。蔬菜作物、瓜类作物和葡萄产值占比呈现出显著的上升趋势，分别从 1991 年的 0.099 4、0.033 和 0.014 增加为 2013 年的 0.295、0.175 和 0.147。

1991—2013 年河西地区粮食作物（春小麦、玉米）和油料作物（胡麻、油菜）产值占比随时间显著下降，分别从 1991 年的 0.448、0.165 和 0.035、0.044 减少为 2013 年的 0.045、0.088 和 0.003、0.012。棉花、薯类作物、蔬菜作物、苹果和葡萄产值占比在研究期内随时间显著上升，分别从 1991 年的 0.046、0.025、0.174、0.015 和 0.001 增加为 2013 年的 0.107、0.069、0.565、0.043 和 0.021，其中棉花产值占比最高。1991—2013 年瓜类作物产值占比波动较大，趋势不明显，时间序列均值为 0.038。

三、作物耗水强度演变

由图 4-3 可知，1991—2013 年石羊河流域除葡萄外，其他作物万元 GDP 耗水量时间序列均呈现显著的下降趋势，春小麦、玉米、薯类作物、棉花、胡麻、油菜、蔬菜作物、瓜类作物和苹果万元 GDP 耗水量分别从 1991 年的 16 137 m^3、17 398 m^3、14 575 m^3、4 133 m^3、25 071 m^3、27 521 m^3、2 779 m^3、2 121 m^3 和 28 688 m^3 下降为 2013 年的 3 342 m^3、1 949 m^3、1 023 m^3、231 m^3、2 817 m^3、3 288 m^3、401 m^3、169 m^3 和 429 m^3，葡萄万元 GDP 耗水量从 1991 年的 12 382 m^3 变为 2013 年的 1 439 m^3。

研究期内黑河流域春小麦、玉米、薯类作物、棉花、胡麻、油菜、蔬菜作物、瓜类作物、苹果和葡萄 10 种主要作物万元 GDP 耗水量时间序列均呈显著

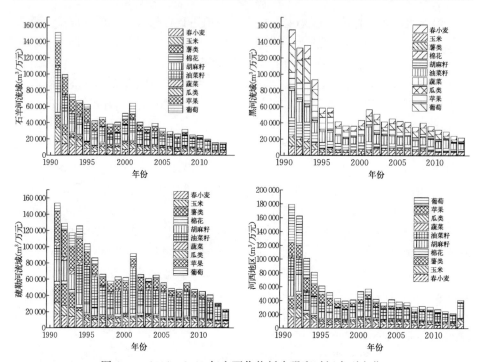

图 4-3 1991—2013 年主要作物耗水强度时间序列变化

的下降趋势，万元 GDP 耗水量分别从 1991 年的 16 780 ㎥、11 341 ㎥、10 959 ㎥、2 766 ㎥、20 903 ㎥、33 860 ㎥、2 445 ㎥、2 090 ㎥、17 866 ㎥ 和 35 493 ㎥ 降低为 2013 年的 4 581 ㎥、3 765 ㎥、1 062 ㎥、377 ㎥、2 087 ㎥、6 908 ㎥、468 ㎥、267 ㎥、685 ㎥ 和 1 339 ㎥。

1991—2013 年疏勒河流域主要作物春小麦、玉米、薯类作物、棉花、胡麻、油菜、蔬菜作物、瓜类作物、苹果、葡萄万元 GDP 耗水量也表现出下降趋势，且线性趋势均显著，万元 GDP 耗水量分别从 1991 年的 16 196 ㎥、14 702 ㎥、21 824 ㎥、3 738 ㎥、26 930 ㎥、16 914 ㎥、4 232 ㎥、3 002 ㎥、35 602 ㎥ 和 9 955 ㎥，减少为 2013 年的 4 282 ㎥、3 794 ㎥、925 ㎥、562 ㎥、2 934 ㎥、6 027 ㎥、838 ㎥、630 ㎥、1 423 ㎥ 和 988 ㎥。

1991—2013 年河西地区春小麦、玉米、薯类作物、棉花、胡麻、油菜、蔬菜作物、瓜类作物、苹果和葡萄万元 GDP 耗水量时间序列也呈现显著下降的趋势，且线性趋势均显著，万元 GDP 耗水量分别从 1991 年的 16 434 ㎥、13 088 ㎥、13 505 ㎥、3 580 ㎥、23 474 ㎥、32 020 ㎥、2 270 ㎥、1 683 ㎥、19 295 ㎥ 和 60 036 ㎥，减少为 2013 年的 4 106 ㎥、2 872 ㎥、1 045 ㎥、426 ㎥、2 688 ㎥、6 315 ㎥、346 ㎥、395 ㎥、383 ㎥ 和 1 767 ㎥。

综上所述，3 个区域对比发现：石羊河流域春小麦、玉米、棉花、油菜、蔬菜作物、瓜类作物、苹果万元 GDP 耗水量最小，黑河流域胡麻万元 GDP 耗水量最小，疏勒河流域葡萄万元 GDP 耗水量最小。

四、作物灰水强度演变

由图 4 - 4 可知，1991—2013 年河西地区分流域分作物灰水强度的时间序列变化均呈现出下降趋势，究其原因主要是农业技术的进步，从另一方面也反映出农业生态效益的提高，单位产值农药化肥消耗的减少，对生态环境的影响向良性发展。

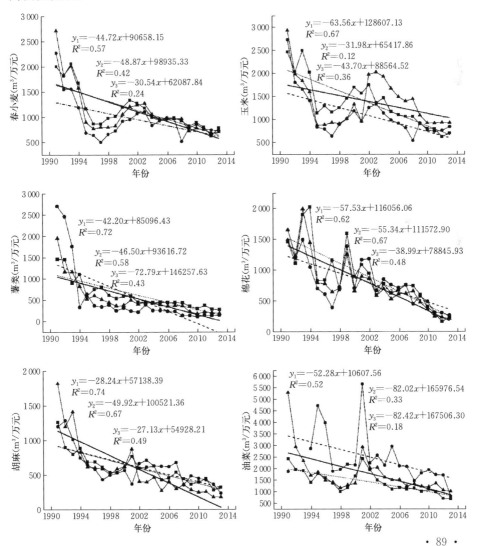

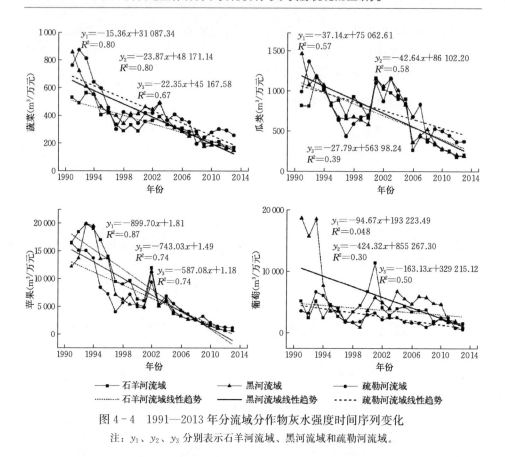

图 4-4　1991—2013 年分流域分作物灰水强度时间序列变化

注：y_1、y_2、y_3 分别表示石羊河流域、黑河流域和疏勒河流域。

研究期内石羊河流域主要作物春小麦、玉米、薯类作物、棉花、胡麻、油菜、蔬菜作物、瓜类作物和苹果，万元 GDP 灰水消耗量时间序列均呈显著下降趋势，线性拟合优度为 0.57、0.67、0.72、0.62、0.74、0.52、0.80、0.57、0.87。其中，苹果的灰水强度下降趋势最为显著，蔬菜作物次之，葡萄下降趋势不显著，拟合优度仅为 0.048。分作物万元 GDP 灰水消耗量时间序列均值中，春小麦、薯类作物、棉花、苹果最大；分别为 1 134.34 m³/万元、605.08 m³/万元、889.58 m³/万元、8 095.22 m³/万元，油菜、蔬菜作物、瓜类作物最小，分别为 1 412.87 m³/万元、336.75 m³/万元和 698.49 m³/万元；玉米、胡麻、葡萄灰水强度分别为 1 359.53 m³/万元、597.88 m³/万元、3 695.20 m³/万元。

1991—2013 年春小麦、薯类作物、棉花、胡麻、蔬菜作物、瓜类作物和苹果万元 GDP 灰水消耗量时间序列均呈显著下降趋势，线性拟合优度分别为 0.42、0.58、0.67、0.67、0.80、0.58、0.74。其中，蔬菜作物的灰水强度下降趋势最为显著，苹果次之，玉米、油菜、葡萄时间序列灰水强度下降趋势不显著，拟合优度仅为 0.12、0.33、0.30。分作物万元 GDP 灰水消耗量时间序列均值中，玉米、葡萄最大，分别为 1 384.31 m³/万元、5 782.51 m³/万元；薯类作物、棉花、胡麻最小，分别为 521.92 m³/万元、791.90 m³/万元和 580.84 m³/万元；春小麦、油菜、蔬菜作物和瓜类作物、苹果灰水强度分别为 1 107.07 m³/万元、1 773.76 m³/万元、386.10 m³/万元、728.17 m³/万元和 7 056.83 m³/万元。

1991—2013 年疏勒河流域主要作物薯类、棉花、胡麻、蔬菜、苹果、葡萄万元 GDP 灰水需求量时间序列均呈显著下降趋势，线性拟合优度为 0.43、0.48、0.49、0.67、0.74、0.50。其中，苹果的灰水强度下降趋势最为显著，蔬菜作物次之。分作物万元 GDP 灰水需求量时间序列均值中，胡麻、油菜、蔬菜作物、瓜类作物单位灰水需求量最大，分别为 612.03 m³/万元、2 449.04 m³/万元、432.44 m³/万元、763.26 m³/万元；春小麦、玉米、苹果、葡萄最小，分别为 948.56 m³/万元、1 079.45 m³/万元、6 486.48 m³/万元、2 623.04 m³/万元；薯类作物、棉花灰水强度分别为 523.47 m³/万元、796.93 m³/万元。

第三节　总耗水量和总灰水需求量变化分解效应时序差异

一、作物总耗水量和总灰水需求量变化分解效应贡献率时序差异

为了更好地反映各效应的时间序列变化，采用贡献率来表示，其中各个效应贡献率的绝对值之和为 100%，以此来更好地反映各个效应对作物不同类型耗水量的影响方向和影响程度。

对 1991—2013 年河西地区总耗水量和总灰水需求量变化进行 LMDI 分解分析，以 1991 年为基期，间隔为 1 进行分解，并分别计算人口规模效应、农业经济发展效应、种植结构调整效应、水资源强度效应和产业结构效应对河西地区总耗水量和总灰水需求量的贡献率，以此来把握各驱动效应对农业耗水量和作物总灰水需求量变化的影响方向和程度，具体结果如表 4-1 和图 4-5 所示。

表 4-1　1991—2013 年河西地区作物总耗水量和总灰水需求量分解效应贡献率

年份	人口规模效应		农业经济发展效应		种植结构调整效应	
	耗水量	灰水需求量	耗水量	灰水需求量	耗水量	灰水需求量
1991—1992	0.20%	0.16%	−34.58%	−32.05%	−4.47%	−2.94%
1992—1993	0.14%	0.18%	39.04%	39.97%	−3.71%	−3.62%

（续）

年份	人口规模效应		农业经济发展效应		种植结构调整效应	
	耗水量	灰水需求量	耗水量	灰水需求量	耗水量	灰水需求量
1993—1994	0.11%	0.08%	23.81%	25.44%	−9.33%	−8.51%
1994—1995	0.39%	0.42%	48.11%	51.11%	2.32%	1.97%
1994—1996	0.93%	1.10%	44.36%	54.01%	2.92%	4.89%
1996—1997	2.81%	1.18%	67.57%	28.25%	−8.29%	22.22%
1997—1998	0.94%	1.22%	42.90%	57.78%	−16.51%	−15.97%
1998—1999	1.93%	1.36%	−14.56%	−10.22%	2.41%	−13.46%
1999—2000	−0.11%	−0.18%	−35.40%	−43.75%	−16.69%	−10.27%
2000—2001	−0.38%	−0.40%	34.21%	34.44%	−6.60%	3.39%
2001—2002	−5.42%	−4.57%	14.15%	12.20%	−19.96%	−40.96%
2002—2003	−2.76%	−2.15%	12.39%	10.21%	−20.13%	11.78%
2003—2004	−1.03%	−0.76%	27.53%	21.08%	−14.65%	−30.41%
2004—2005	−0.88%	−0.67%	48.51%	40.17%	11.41%	12.80%
2004—2006	−0.22%	−0.72%	46.51%	55.25%	−26.31%	−1.77%
2006—2007	0.35%	1.55%	15.90%	22.28%	−21.49%	−42.01%
2007—2008	20.54%	33.35%	−8.33%	−11.85%	3.92%	−11.19%
2008—2009	5.35%	5.82%	46.12%	47.67%	5.56%	−2.04%
2009—2010	−1.26%	−1.98%	4.85%	7.51%	−12.54%	7.06%
2010—2011	−2.16%	−1.13%	49.41%	37.52%	−16.01%	15.88%
2011—2012	−9.48%	−10.94%	47.82%	51.54%	−11.17%	0.59%
2012—2013	2.07%	2.16%	55.23%	52.71%	−14.20%	−20.34%
均值	0.07%	0.67%	28.24%	27.06%	−8.80%	−3.08%

年份	水资源强度效应		产业结构效应	
	耗水量	灰水需求量	耗水量	灰水需求量
1991—1992	−17.82%	−26.57%	42.93%	38.29%
1992—1993	−15.06%	13.23%	−42.05%	−43.01%
1993—1994	−33.47%	−29.13%	33.28%	36.84%
1994—1995	−44.10%	−41.43%	5.08%	5.08%
1994—1996	−37.02%	−22.69%	−14.76%	−17.31%
1996—1997	−16.33%	−46.73%	5.00%	1.63%
1997—1998	−23.27%	4.25%	−16.38%	−20.78%

（续）

年份	水资源强度效应		产业结构效应	
	耗水量	灰水需求量	耗水量	灰水需求量
1998—1999	36.96%	47.34%	−44.14%	−27.62%
1999—2000	17.25%	7.05%	30.55%	38.75%
2000—2001	13.92%	15.21%	−44.89%	−46.57%
2001—2002	−53.28%	35.29%	7.19%	6.98%
2002—2003	−24.76%	−42.66%	39.96%	33.20%
2003—2004	6.78%	−6.62%	50.02%	41.12%
2004—2005	−22.39%	−32.44%	−16.82%	−13.92%
2004—2006	−24.53%	−37.26%	2.43%	5.00%
2006—2007	−49.33%	−15.26%	12.92%	18.90%
2007—2008	62.11%	−35.27%	−5.09%	−8.33%
2008—2009	−35.48%	−36.56%	7.48%	7.91%
2009—2010	−43.56%	−32.82%	37.80%	50.63%
2010—2011	−23.69%	−35.59%	8.74%	9.88%
2011—2012	−27.55%	−33.69%	−3.98%	−3.24%
2012—2013	−21.17%	−12.90%	−7.33%	−11.89%
均值	−17.08%	−16.60%	4.00%	4.62%

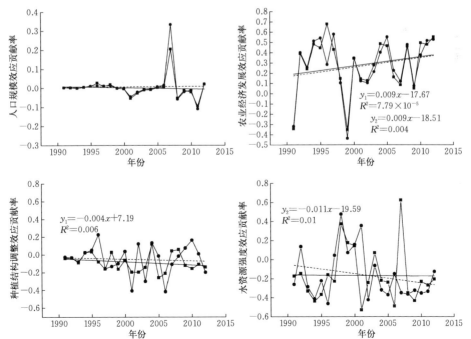

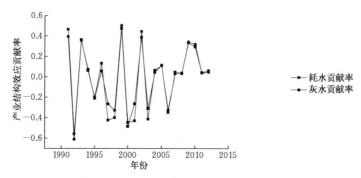

图 4-5　1991—2013 年河西地区作物总耗水量和总灰水需求量各分解效应
逐年贡献率变化趋势

注：y_1 为作物总耗水量的效应贡献率线性拟合方程；y_2 为作物总灰水需求量的效应贡献率线性拟合方程；未列出方程的表示拟合不成功。

1991—2013 年河西地区作物总耗水量和总灰水需求量变化人口规模效应正负波动较大，1991—1999 年人口规模效应对作物两种水量增加主要起到推动作用，贡献率也相对稳定，随后的年份主要表现为抑制作用且波动较大，表明人口规模效应的阶段性显著。研究期内作物总耗水量和灰水需求量人口规模效应的平均贡献率分别为 0.07%、0.67%，人口规模效应相比其他 4 种效应对作物两种水量变化的贡献率较小，且波动也较小，时间序列不存在趋势性，但贡献率的正负方向存在阶段性变化，2000 年以前多数年份表现为促进效应，之后的年份主要为抑制效应。究其原因主要是研究期内河西地区农业人口数存在阶段性特点，农业人口数量的波动主要为城镇化率和农业人口自然增长率之间的博弈。2000 年以前，农业人口受人口自然增长的影响逐年增加，并且扩大耕地面积、增加农药化肥使用量以达到农业总产值的提高成为缓解人口压力的直接途径，从而使得作物总耗水量和总灰水需求量逐年增加。2000 年以后，伴随着城镇化水平迅速提高，农业人口大规模涌入城市，城镇化率大于人口的自然增长率，尤其是金昌、嘉峪关、酒泉等地的城镇化水平飞速发展，城镇化率最高已达到 100%，农业人口显著减少，抑制了农业总耗水量和总灰水需求量的增加。

农业经济发展效应是总耗水量和总灰水需求量增加的主要促进效应（个别年份除外），年均贡献率分别为 28.24%、27.06%，且整个研究期内农业经济发展效应贡献率均表现为波动上升的趋势。农业经济发展必然要消耗水资源，二者存在很大的相关性。随着农业生产水平的提高，23 年间河西地区人均农业总产值一直保持持续增长的态势，人均农业产值翻了 10 倍，年均增长率为 10.58%，算法为：

$$M=\sqrt[22]{\frac{B_{2013}}{B_{1991}}}-1$$

式中，M 为农业经济年均增长率，B_{2013}、B_{1991} 分别为 2013 年和 1991 年人均农业总产值。1991—2013 年农业经济发展效应对农业两种水资源消耗量的贡献率从 2000 年以前的先增加后减少变为 2000—2013 年的增加趋势，表明农业总产值的增长与农业耗水量关系依然密切，以限制农业经济发展的方式追求农业低水耗是不现实的，需要进一步提高用水效率。

研究期内作物种植结构调整效应对作物总耗水量和总灰水需求量变化主要表现为负向影响，是最主要的抑制效应，对作物总耗水量和总灰水需求量的年均贡献率分别为 −8.80% 和 −3.08%，其中对总耗水量的贡献率表现出不显著的下降趋势，对灰水需求量的贡献率不存在趋势性。种植结构调整效应贡献率在多数年份为负值，表明河西地区农业种植结构渐趋合理，有利于农业水资源在不同作物间的合理配置和农药化肥使用效率的提高，从而减少农业水资源的总体消耗。同时，研究期内种植结构调整效应对两种水量贡献率所呈现出的波动性表明，种植结构调整在水资源合理配置中的作用不稳定，有待进一步提高。另外，种植结构调整对两种水量变化的抑制效应所呈现出的不同趋势也表明，通过种植结构的不断调整，缩减高耗水作物的种植面积，扩大单位耗水相对较少的经济作物面积，有效抑制了作物总耗水量的增加且这种抑制作用还在增强，例如春小麦、油料作物的种植面积分别从 1991 年的 27.17 万 hm²、6.81 万 hm² 缩减为 2013 年的 0.70 万 hm²、0.29 万 hm²，苹果、葡萄、蔬菜作物的种植面积由 1991 年的 1.44 万 hm²、0.03 万 hm²、0.01 万 hm² 增加为 2013 年的 0.80 万 hm²、0.12 万 hm² 和 0.14 万 hm²，但种植结构调整对农药化肥总使用量的抑制作用没有增强趋势，所以种植结构调整过程中还需要考虑不同作物间农药化肥的合理使用，进一步减少灰水的消耗量。

研究期内耗水强度效应对作物总耗水量和总灰水需求量的增加均主要表现为抑制作用，是最主要的抑制效应，年均贡献率分别为 −17.08% 和 −16.60%，究其原因主要是研究期内分流域 10 种作物万元 GDP 耗水量和万元 GDP 灰水需求量总体表现为下降趋势（图 4-3），在两种不同的水资源强度效应的驱使下作物耗水量和总灰水需求量均逐年减少，是一种双降模式，二者形成良性循环。同时，虽然为了追求作物的高产出，农药化肥使用量逐年递增，但产出增长率仍然大于化肥施用增长率，万元 GDP 灰水需求量在研究期内呈现减少的趋势，抑制了总灰水需求量的增加。1991—2013 年，耗水强度（万元 GDP 农作物耗水量）效应对作物总耗水量的贡献率不存在趋势性，1991—2000 年存在不显著的上升趋势。研究期内，万元 GDP 灰水需求量对作物总灰水量的贡献率整体表现为不显著的下降趋势，阶段性趋势变化存在先上升后下降的特点，其中 1991—1996 年灰水强度效应均显示出抑制效应且贡献率绝对值逐年增加，1997—2001 年抑制作用又逐渐减弱且由负向影响变为正向的拉动作用，2001 年以后又均转为抑制效应，但波动较强。耗水强度效应在研究期内阶段性的变化趋势表明，农业技术水平的提高极大促进了作物总耗水量的合理利用，但这种良性循环的长效机制还未形成，水资源强度效应贡献率波动性仍较大。1991—2013 年作物灰水强度效应贡献率的阶段性变化趋势反映出农药化肥使用效率的阶段性变化，2000 年以前由于农药化肥的不合理利用，作物的产出量并没有大幅提高，对灰水的抑制作用存在减弱趋势，之后随着科学施肥、测土配方等技术的进一步提高，灰水强度效应的抑制效应增强，且整体上这种抑制效应存在增强趋势，说明单纯依靠农药化肥量的投入保证农业经济增长是不可取的，需要进行技术创新的有益尝试，以维持水资源强度效应对灰水需求量的抑制作用。

研究期内产业结构调整效应反映的是种植业占比变化对作物总耗水量和灰水需求量的影响。产业结构调整效应对作物两种耗水量的增加在多数年份主要为负向影响，贡献率的正负方向变动较大，1991—1995 年逐年产业结构效应对作物两种耗水量主要表现为拉动作用，之后又主要表现为抑制作用，23 年间整体正向促进效应大于抑制作用，年均贡献率均为正值，分别为 4.00% 和4.62%。相比其他 4 种分解效应，产业结构调整效应贡献率的波动性最大且不存在趋势性，说明通过调整种植业在整个农林牧渔业总产值中的比重，并未减少农业灰水需求量，产业结构调整对农业两种水量的抑制效应并未凸显出来，有待进一步提出更合理的产业水资源分配方案。

二、作物耗水量和灰水需求量变化分解效应累积变化时序差异

为了更好地反映各分解要素对作物总耗水量和总灰水需求量影响的时间序列变化，采用各效应的逐年时间序列累计曲线变化再进行深入验证分析，1991—2013 年河西地区总耗水量和总灰水需求量各分解效应时间序列累计变化如图 4-6 所示：

1. 总耗水量各分解效应时间序列累计变化分析 农业经济发展累计效应曲线存在显著的增加趋势，累计值均位于零值上方，表明农业经济发展的影响方向较为稳定，且基本稳定为增量效应，是作物总耗水量累计增加的主要促进效应，截至 2013 年累计效应为 $4.94 \times 10^9 \text{ m}^3$。人口规模逐年累计效应均最小，截至 2013 年累计效应为 $-1.40 \times 10^8 \text{ m}^3$。水资源强度和种植结构调整时间序列累计效应呈现下降趋势，且累计值均位于 0 以下，截至 2013 年累计效应分

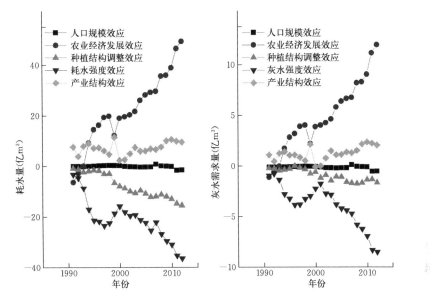

图 4-6 1991—2013 年作物总耗水量和总灰水量分解效应时间序列累积变化

别为 -3.64×10^9 m³ 和 -1.54×10^9 m³，说明耗水强度和种植结构调整对作物总耗水量增加的影响方向较为稳定，且耗水强度效应是总耗水量变化的最主要抑制效应，种植结构调整效应次之。1991—2013 年产业结构累计效应趋势不显著，但逐年累计值均为正，表明产业结构效应影响方向虽不稳定，但逐年累计的整体促进效应大于抑制效应，截至 2013 年累计效应为 9.60×10^8 m³。在 5 种不同效应的影响下，河西地区作物总耗水量近 10 年逐年累计增加，截至 2013 年作物总耗水量累计增加 5.78×10^8 m³。

2. 总灰水需求量分解效应时间序列累计变化分析 研究期内，灰水强度变化是灰水需求量累计增加的主要抑制因素，种植结构调整作用次之，截至 2013 年效应累计值分别为 -8.48×10^8 m³ 和 -1.54×10^8 m³，其中 1990—2000 年灰水强度逐年累计效应曲线表现为不显著的下降趋势，2000—2013 年则表现为显著的下降趋势，表明 2000 年以后灰水强度效应的影响方向更加稳定，且抑制作用也更显著。研究期内人口规模累计效应值均最小，表明人口变化对作物总灰水需求量增加的影响最小，其次是产业结构效应，截至 2013 年人口规模累计效应和产业结构累计效应分别为 -0.39×10^8 m³ 和 2.19×10^8 m³。1991—2013 年农业经济发展效应累计曲线表现为显著的上升趋势，拟合优度是 5 种累计曲线中最高的（$R^2 = 0.93$），表明农业经济发展的影响方向最为稳定，稳定为拉动作用，截至 2013 年累计效应为 1.22×10^9 m³。在 5 种效应的综合影响下，截至 2013 年灰水总需求量累计增加 3.98×10^8 m³。

第四节　总耗水量和总灰水需求量变化分解
效应贡献率流域差异

一、石羊河流域结果分析

如图4-7和表4-2所示，研究期内石羊河流域人口规模效应多数年份对

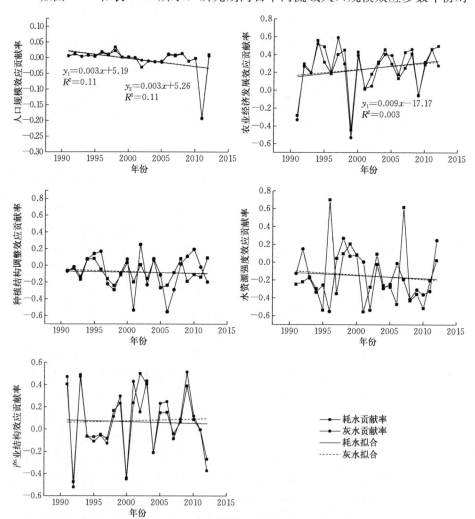

图4-7　1991—2013年石羊河流域作物总耗水量和总灰水需求量各分解
效应逐年贡献率变化趋势

注：y_1 为作物总耗水量效应贡献率的线性拟合方程；y_2 为作物总灰水需求量效应贡献率的线性拟合方程；未列出方程的表示线性拟合不成功。

作物总耗水需求量和灰水需求量增加起到促进作用，但整体上抑制效应的贡献率大于促进作用，23 年间年均贡献率均为负值，分别为－0.66％、－0.56％。1991—2013 年人口变化对作物总耗水量和总灰水需求量增加的正负作用阶段性显著，贡献率时间序列变化相对较为平稳，波动性较弱，1991—2002 年贡献率均为正值，对作物两种水量的增加均表现为正向的促进作用，年均贡献率分别为 0.84％、0.82％，2002 年以后（除 2006—2009 年、2012—2013 年）对两种水量的增加均为抑制作用，年均贡献率分别为－2.15％和－1.94％。人口规模效应的时间序列贡献率变化特征表明，石羊河流域随着大量农村人口迁入城镇，城市化率逐年提高，尤其金昌市人口城镇化率已经达到 100％，2012 年金昌市成为城乡一体化示范区，为了消除城乡二元制带来的不公平现象，彻底取消了农村户口，实行城乡一元化户籍制度，且该流域农村人口机械化变动逐渐成为人口变化的主导力量，并在 2002 年以后农村总人口基本实现负增长，农业总人口数由 2002 年的 1 828 995 人减少到 2013 年的 1 516 463 人，减少了17.09％，从而使人口变化对水资源的抑制作用凸现出来。

表 4 - 2　1991—2013 年石羊河流域作物总耗水量和总灰水需求量分解效应贡献率

年份	人口规模效应		农业经济发展效应		种植结构调整效应	
	耗水量	灰水需求量	耗水量	灰水需求量	耗水量	灰水需求量
1991—1992	0.51％	0.59％	－28.01％	－32.89％	－6.24％	－6.91％
1992—1993	1.13％	1.25％	26.84％	29.69％	－3.47％	－1.75％
1993—1994	0.36％	0.38％	19.29％	19.85％	－16.74％	－13.28％
1994—1995	0.77％	0.72％	56.13％	52.44％	7.55％	7.82％
1994—1996	0.36％	0.57％	31.51％	49.28％	8.34％	14.37％
1996—1997	1.62％	1.84％	18.55％	21.02％	－4.57％	17.15％
1997—1998	0.75％	1.10％	40.53％	59.45％	－15.81％	－22.08％
1998—1999	3.35％	2.19％	－45.49％	－29.73％	－24.07％	－29.07％
1999—2000	－0.12％	－0.14％	－44.13％	－53.02％	－11.40％	－9.13％
2000—2001	－0.20％	－0.18％	43.24％	39.66％	3.38％	7.79％
2001—2002	－0.01％	－0.01％	1.54％	2.59％	－19.70％	－53.25％
2002—2003	－3.10％	－0.87％	18.29％	5.12％	1.01％	25.31％
2003—2004	－1.15％	－1.08％	32.35％	30.40％	－15.73％	－23.19％
2004—2005	－1.42％	－1.25％	46.20％	40.86％	6.46％	8.30％
2004—2006	－1.15％	－1.54％	29.86％	39.87％	－26.63％	－11.17％
2006—2007	0.94％	1.25％	13.36％	17.86％	－23.68％	－55.24％

（续）

年份	人口规模效应		农业经济发展效应		种植结构调整效应	
	耗水量	灰水需求量	耗水量	灰水需求量	耗水量	灰水需求量
2007—2008	0.55%	0.94%	−25.18%	−43.05%	−8.50%	−28.94%
2008—2009	1.26%	1.42%	41.38%	46.47%	8.41%	1.85%
2009—2010	−1.10%	−1.19%	5.23%	5.63%	−19.01%	11.22%
2010—2011	−0.20%	−0.23%	29.17%	32.29%	−10.77%	19.59%
2011—2012	−19.26%	−19.33%	46.54%	46.71%	−13.80%	−1.78%
2012—2013	1.00%	0.56%	49.88%	27.93%	9.36%	−19.75%
均值	−0.66%	−0.56%	24.45%	24.67%	−7.98%	−7.37%

年份	用水强度效应		产业结构效应	
	耗水量	灰水需求量	耗水量	灰水需求量
1991—1992	−24.42%	−12.09%	40.82%	47.51%
1992—1993	−21.67%	15.42%	−46.88%	−51.88%
1993—1994	−16.08%	−17.31%	47.52%	49.19%
1994—1995	−29.24%	−33.11%	−6.30%	−5.91%
1994—1996	−53.09%	−25.23%	−6.69%	−10.55%
1996—1997	70.71%	−54.72%	−4.55%	−5.27%
1997—1998	−34.81%	5.09%	−8.10%	−12.28%
1998—1999	10.12%	27.33%	16.97%	11.68%
1999—2000	20.93%	7.61%	23.42%	30.10%
2000—2001	8.62%	9.08%	−44.56%	−43.29%
2001—2002	−54.93%	1.04%	23.82%	43.11%
2002—2003	−27.41%	−52.97%	50.19%	15.73%
2003—2004	9.79%	−1.80%	40.97%	43.54%
2004—2005	−25.38%	−28.79%	−20.54%	−20.80%
2004—2006	−27.34%	−24.02%	15.02%	23.40%
2006—2007	−46.45%	−0.60%	15.57%	25.04%
2007—2008	61.95%	−18.90%	−3.82%	−8.18%
2008—2009	−42.31%	−40.99%	6.64%	9.27%
2009—2010	−35.42%	−30.34%	39.24%	51.62%
2010—2011	−50.92%	−35.75%	8.94%	12.14%
2011—2012	−20.20%	−31.95%	−0.19%	−0.23%
2012—2013	2.82%	25.27%	−36.94%	−26.49%
均值	−14.76%	−14.44%	6.84%	8.07%

农业经济发展效应在研究期内（1991—1992 年、1999—2000 年和 2009—2010 年除外）对农业总耗水量和总灰水需求量的贡献率均为正值，且该因素是两种作物需水增加的主要促进因子，年均贡献率分别为 24.45% 和 24.67%。23 年间农业经济发展效应对作物耗水增加的贡献率在波动中表现出上涨的趋势，但对总灰水需求量的贡献率不存在趋势性，且两种贡献率前 10 年的波动性均明显大于后来年份，表明农业经济发展对两种作物需水量的促进效应渐趋稳定。究其原因主要是，石羊河流域人均农业总产值在研究期内增长缓慢，变化趋势较平稳，随着农业经济的发展，作为农业发展基本投入的水资源量也会随之增加，从农业经济发展效应对总耗水量的增加贡献率的增长趋势表明，农业产值的增加对水资源耗水量的依赖性还在增强。另外，为了得到更高的农业产值，农药化肥的使用量也在逐年增加，其中氮肥施用折纯量从 1991 年的 1.73×10^6 t 变为 2013 年的 5.87×10^6 t，研究期内平均增长率为 5.71%，所以农业经济发展是总灰水需求量增加的主要促进因素。

种植结构调整效应在研究期内对农业总耗水量和总灰水需求量增加的贡献率（少数年份除外）为负值，是主要的抑制效应之一，总体上抑制作用的贡献率大于少数年份的拉动作用，年均贡献率为负值，分别为 −7.98% 和 −7.37%。贡献率变化特征表明，通过调整种植结构抑制了作物总耗水量和总灰水需求量的增加，结构调整和两种需水量之间逐渐形成良性互动。目前，粮食作物（春小麦）以及单位耗水量较大的油料作物（胡麻、油菜）的产值比重均逐年大幅度减少（图 4-2），分别从 1991 年的 57.19%、4.20% 和 3.90% 降低为 2012 年的 9.47%、0.79% 和 2.84%，玉米、棉花和薯类作物的产值占比逐年相对稳定增加，由 1991 年的 10.19%、0.49% 和 5.71% 上升为 2013 年的 30.57%、13.12% 和 17.99%，蔬菜和瓜类作物的产值占总产值的比值在 23 年内波动上升，变化率较大。石羊河流域作物种植结构渐趋合理，但需进一步提高蔬菜和瓜果作物的总产值，以稳定种植结构调整对农业耗水量和总灰水需求量的抑制效应。

水资源强度变化对总耗水量和总灰水需求量增加表现为抑制作用（少数年份除外），该效应主要表现为增量效应，年均贡献率分别为 −7.98% 和 −7.37%。1991—2001 年，耗水强度效应和灰水强度效应时间序列贡献率均存在正负阶段性变化，逐渐由抑制效应变为促进效应，2001 年之后基本均为抑制效应但波动较大。两种水资源强度效应相比，作物耗水强度效应贡献率的波动大于灰水强度效应的贡献率。

研究期内石羊河流域产业结构效应对作物总耗水量和灰水需求量增加的贡献率时间序列波动较大，总体上多数年份为拉动效应，年均贡献率分别为 6.84% 和 8.07%。产业结构效应对两种作物需水量增加的贡献率均存在阶段性变化，前10年波动性大于后来年份，且主要年份为抑制效应，2000年以后波动性明显减弱，多数年份变为拉动效应。究其原因主要是1991—2013年通过调整石羊河流域种植业总产值占比，未能有效抑制两种需水量的增长。

二、黑河流域结果分析

如图4-8和表4-3所示，1991—2013年黑河流域5种分解效应对作物总

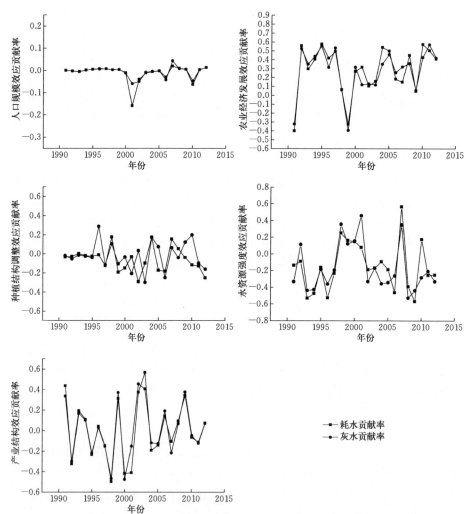

图4-8 1991—2013年黑河流域作物总耗水量和总灰水需求量各分解
效应逐年贡献率变化趋势

注：y_1 为作物总耗水量的效应贡献率线性拟合方程；y_2 为作物总灰水需求量效应贡献率的线性拟合方程；未列出方程的表示线性拟合不成功。

耗水量和总灰水需求量增加贡献率的时间序列变化特征均不存在趋势性变化，分效应、分需水类型贡献率的具体时序变化特征如下：

表 4-3　1991—2013 年黑河流域作物总耗水量和总灰水需求量分解效应贡献率

年份	人口规模效应		农业经济发展效应		种植结构调整效应	
	耗水量	灰水需求量	耗水量	灰水需求量	耗水量	灰水需求量
1991—1992	0.04%	0.03%	−39.49%	−31.73%	−3.22%	−1.74%
1992—1993	0.27%	0.26%	56.07%	52.93%	−2.81%	−5.29%
1993—1994	0.48%	0.57%	29.88%	35.43%	0.27%	−1.28%
1994—1995	0.14%	0.15%	40.62%	44.17%	−1.90%	−2.40%
1994—1996	0.50%	0.49%	58.01%	55.85%	−2.60%	−3.87%
1996—1997	0.80%	0.61%	41.87%	31.79%	−0.90%	28.86%
1997—1998	0.75%	0.81%	49.60%	53.65%	−12.49%	−11.50%
1998—1999	0.32%	0.30%	−6.70%	−6.48%	17.79%	10.71%
1999—2000	−0.39%	−0.48%	−32.04%	−39.09%	−19.30%	−10.52%
2000—2001	−1.03%	−1.22%	27.05%	32.08%	−14.98%	−3.28%
2001—2002	−15.78%	−5.95%	31.99%	12.06%	−3.02%	−20.73%
2002—2003	−3.98%	−4.96%	10.56%	13.15%	−29.32%	3.55%
2003—2004	−1.12%	−0.83%	15.81%	11.83%	−9.74%	−29.81%
2004—2005	−0.58%	−0.38%	54.35%	35.52%	17.53%	17.47%
2004—2006	−0.19%	−0.17%	50.13%	46.26%	−17.40%	7.61%
2006—2007	3.03%	4.20%	18.55%	25.74%	−18.41%	−24.95%
2007—2008	2.02%	4.32%	−15.12%	−32.42%	15.63%	6.51%
2008—2009	1.00%	0.79%	45.27%	36.03%	5.54%	−3.87%
2009—2010	−0.50%	−0.57%	5.07%	5.82%	−3.67%	12.48%
2010—2011	−6.34%	−4.72%	57.78%	42.97%	−11.55%	19.99%
2011—2012	−0.40%	−0.46%	50.80%	57.48%	−12.82%	−9.76%
2012—2013	1.38%	1.42%	41.02%	42.36%	−25.18%	−16.14%
均值	−1.12%	−0.58%	28.85%	27.42%	−6.02%	−1.73%

（续）

年份	水资源强度效应		产业结构效应	
	耗水量	灰水需求量	耗水量	灰水需求量
1991—1992	−13.37%	−32.67%	43.88%	33.83%
1992—1993	−8.58%	11.91%	−32.27%	−29.62%
1993—1994	−52.44%	−43.09%	16.93%	19.63%
1994—1995	−46.88%	−42.09%	10.47%	11.18%
1994—1996	−15.79%	−18.23%	−23.10%	−21.57%
1996—1997	−52.01%	−35.46%	4.42%	3.29%
1997—1998	−22.80%	−18.98%	−14.37%	−15.06%
1998—1999	25.73%	36.04%	−49.46%	−46.47%
1999—2000	16.79%	12.70%	31.48%	37.21%
2000—2001	15.33%	16.12%	−41.61%	−47.31%
2001—2002	8.30%	46.35%	−40.91%	−14.91%
2002—2003	−18.52%	−32.48%	37.61%	45.86%
2003—2004	−16.38%	−16.65%	56.96%	40.88%
2004—2005	−8.73%	−35.13%	−18.82%	−11.50%
2004—2006	−18.44%	−33.74%	−13.83%	−12.22%
2006—2007	−45.77%	−25.80%	14.24%	19.32%
2007—2008	56.94%	35.40%	−10.29%	−21.34%
2008—2009	−38.56%	−52.21%	9.62%	7.10%
2009—2010	−56.19%	−43.32%	34.57%	37.82%
2010—2011	18.00%	−27.91%	−6.32%	−4.42%
2011—2012	−25.09%	−20.48%	−10.89%	−11.82%
2012—2013	−24.82%	−32.55%	7.61%	7.52%
均值	−14.70%	−16.01%	0.27%	1.25%

　　研究期内黑河流域人口规模效应存在明显的阶段性特点，1991—2000 年对作物总耗水量和总灰水需求量增加主要为促进效应，变化率相对较小，贡献率均值分别为 0.24% 和 0.23%；2000—2013 年人口变化主要表现为抑制作用，且时间序列波动性增大，对两种需水量增加表现为抑制作用，贡献率均值分别为 −2.06% 和 −1.14%，23 年间人口变化对两种作物需水量增加的负向抑制作用均大于正向促进作用，人口规模效应年均贡献率分别为 −1.12%、−0.58%。究其原因主要是：1991—2013 年农业人口总数呈现出先增加后减

少的趋势，总人口数从 1991 年的 1 384 221 人增长为 2000 年的 1 397 329 人，平均增长率为 0.1%，人口增长较为缓慢，随着城市化率的提高，农村人口以务工、求学等方式流入城市，农村人口的机械化率逐渐高于人口的自然增长率，尤其是嘉峪关从 2011 年开始城镇化率达到了 100%，2001—2013 年黑河流域农业人口总数开始大幅减少，从 2000 年的 1 397 329 人减少为 2013 年的 1 301 462 人，减少了 6.86%，农业人口总数的阶段性变化促使两种人口规模效应发生正负方向的时间序列阶段变化。

农业经济发展效应对作物总耗水量和总灰水需求量变化在研究期内（1991—1992 年、1999—2000 年）均为促进效应，贡献率为正值，是两种需水量变化的主要促进效应，年均贡献率分别高达 28.85% 和 27.42%，且 1991—2000 年农业经济发展效应贡献率波动较大，趋势性不显著，2000 年以后波动性减弱。作物总耗水量与总灰水需求量的农业经济发展效应时间序列变化特征相似，阶段性变化均较突出。农业经济发展离不开水资源的消耗和农药化肥的投入，三者关系密切。研究期内该区域人均农业总产值增长较快，1991—2013 年年均增长率达 6.86%，化肥施用总量在 1991—2013 年也逐年稳定增长，年均增长率 2.99%，从 1991 年的 353 864.62 t 增加为 2013 年的 676 077 t。农业经济的发展和化肥施用量的不断增加促使农业总耗水量和总灰水需求量逐年增加，农业经济发展效应成为两种需水量增加的最主要促进因子。

研究期内种植结构调整效应对作物总耗水量及总灰水需求量增加基本均为抑制作用，是主要的负向影响因子之一，究其原因主要是 1991—2013 年黑河流域单位耗水量较高的粮食作物（春小麦 0.874 m^3、玉米 0.547 m^3）和油料作物（胡麻 1.830 m^3、油菜 2.878 m^3）产值占 10 种主要作物总产值的比重随时间大幅度降低，分别从 1991 年的 0.42、0.22、0.03 和 0.07 下降为 2013 年的 0.07、0.15、0.004 和 0.02，单位耗水量较大的经济作物棉花（1.478 m^3）的产值占比虽然在整个研究期内存在波动中增加的趋势（图 4 - 2），但棉花产值比重已经在逐年下降，单位耗水量相对较小的蔬菜作物（0.091 m^3）总产值占比逐年增加，通过这种种植结构调整有效抑制了总灰水需求量和总耗水量的增加，提高了水资源的利用效率。同时，种植结构调整效应对作物总耗水量和作物总灰水需求量增加的贡献率均值差异性（分别为 −6.02% 和 −1.73%）也表明，今后在农业种植结构调整的过程中要更加关注不同作物耗肥量的差异，适当减少高耗肥作物的种植面积，做到合理施肥，进一步提高种植结构调整效应对作物总灰水需求量增长的抑制作用。

1991—2013 年，作物总耗水强度效应（1998—2002 年、2007—2008 年、2010—2011 年除外）均为减量效应，是最主要的负向影响因子，年均贡献率为一14.70%。研究期内灰水强度效应贡献率在多数年份为负值，表现为减量效应。分阶段变化特征分析表明，1991—1997 年（1992—1993 年除外）灰水强度效应对总灰水需求量的增加表现为促进效应，2002—2013 年（2007—2008 年除外）又呈现出抑制效应，年均贡献率为一16.01%，是最主要的抑制效应。随着农业技术的发展，黑河流域 10 种主要作物万元 GDP 耗水量和万元 GDP 灰水需求量在研究期内均呈显著下降趋势（图 4-3 和图 4-4），有效抑制了作物总耗水量和总灰水需求量的增加。

研究期内总耗水量产业结构效应和总灰水需求量增加的产业结构效应贡献率均表现出波动大、趋势不显著的特点，且是波动最大的效应类型，产业结构变化对作物两种需水量增加的拉动作用总贡献率均大于抑制作用总贡献率，平均效应贡献率均值分别为 0.27%、1.25%，也是贡献率较最小的促进效应。

三、疏勒河流域结果分析

1991—2013 年疏勒河流域 5 种分解效应对作物总耗水量和总灰水需求量增加的贡献率时间序列变化特征均不存在趋势性变化，分效应、分需水类型贡献率的具体时序变化特征如下（图 4-9 和表 4-4）：

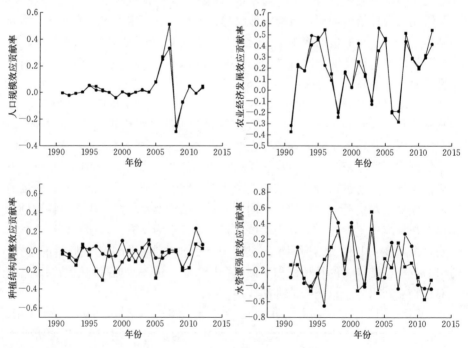

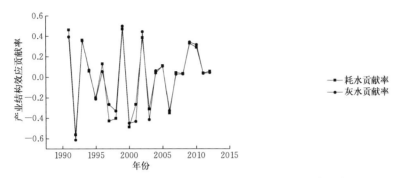

图 4 - 9 1991—2013 年疏勒河流域作物总耗水量和总灰水需求量各分解效应
逐年贡献率变化趋势

注：y_1 为作物总耗水量的效应贡献率线性拟合方程；y_2 为作物总灰水需求量效应
贡献率的线性拟合方程；未写出方程的表示线性拟合不成功。

表 4 - 4 **1991—2013 年疏勒河流域作物总耗水量和总灰水需求量分解效应贡献率**

年份	人口规模效应		农业经济发展效应		种植结构调整效应	
	耗水量	灰水需求量	耗水量	灰水需求量	耗水量	灰水需求量
1991—1992	0.23%	0.20%	−37.07%	−31.59%	−3.49%	0.02%
1992—1993	1.99%	2.17%	21.52%	23.44%	−7.47%	−3.66%
1993—1994	0.56%	0.55%	17.89%	17.58%	−15.37%	−10.13%
1994—1995	0.40%	0.48%	41.05%	49.51%	6.43%	3.20%
1994—1996	5.29%	5.58%	45.33%	47.82%	−4.80%	1.56%
1996—1997	4.66%	1.94%	54.67%	22.69%	−21.59%	4.67%
1997—1998	2.01%	1.26%	15.00%	9.40%	−30.88%	−3.51%
1998—1999	0.18%	0.15%	−23.96%	−19.64%	5.05%	−6.05%
1999—2000	−3.85%	−4.09%	−15.86%	−16.81%	−22.69%	−5.56%
2000—2001	−0.54%	−0.50%	3.15%	2.91%	−12.04%	10.51%
2001—2002	−1.32%	−2.15%	26.06%	42.33%	0.08%	−9.75%
2002—2003	−0.23%	−0.26%	12.81%	14.66%	−11.67%	0.42%
2003—2004	−1.76%	−2.34%	9.27%	12.33%	2.84%	−11.09%
2004—2005	−0.31%	−0.48%	35.95%	56.44%	11.01%	6.55%
2004—2006	−8.27%	−7.91%	46.89%	44.88%	−28.69%	−7.66%
2006—2007	27.03%	25.13%	19.98%	18.58%	−1.48%	−7.85%
2007—2008	51.30%	33.45%	−28.37%	−18.50%	0.62%	−1.97%
2008—2009	29.14%	24.92%	51.69%	44.21%	0.59%	−1.00%

（续）

年份	人口规模效应		农业经济发展效应		种植结构调整效应	
	耗水量	灰水需求量	耗水量	灰水需求量	耗水量	灰水需求量
2009—2010	−6.96%	−7.19%	28.63%	29.57%	−20.69%	−17.84%
2010—2011	−4.69%	−5.11%	19.50%	21.24%	−18.07%	−3.79%
2011—2012	−0.50%	−0.47%	31.82%	29.74%	6.84%	23.33%
2012—2013	5.11%	3.91%	54.45%	41.72%	2.33%	6.48%
均值	3.06%	2.13%	18.35%	18.83%	−7.42%	−1.51%

年份	水资源强度效应		产业结构效应	
	耗水量	灰水需求量	耗水量	灰水需求量
1991—1992	−13.04%	−28.85%	46.17%	39.34%
1992—1993	−12.78%	9.45%	−56.24%	−61.27%
1993—1994	−29.90%	−36.10%	36.28%	35.65%
1994—1995	−46.22%	−39.70%	5.89%	7.11%
1994—1996	−24.39%	−23.76%	−20.18%	−21.29%
1996—1997	−5.82%	−65.20%	13.26%	5.51%
1997—1998	9.40%	59.06%	−42.71%	−26.77%
1998—1999	30.51%	41.12%	−40.30%	−33.04%
1999—2000	−10.50%	−23.61%	47.10%	49.93%
2000—2001	35.57%	41.14%	−48.69%	−44.95%
2001—2002	−45.89%	−2.51%	−26.64%	−43.27%
2002—2003	−36.74%	−40.52%	38.55%	44.14%
2003—2004	54.94%	32.75%	−31.19%	−41.49%
2004—2005	−48.66%	−30.13%	4.08%	6.40%
2004—2006	−4.87%	−28.76%	11.28%	10.80%
2006—2007	−16.34%	15.74%	−35.17%	−32.71%
2007—2008	15.23%	−43.15%	4.48%	2.92%
2008—2009	−14.97%	26.79%	3.60%	3.08%
2009—2010	−10.58%	11.20%	33.13%	34.21%
2010—2011	−28.60%	−38.14%	29.14%	31.73%
2011—2012	−56.82%	−42.72%	4.01%	3.75%
2012—2013	−32.21%	−43.37%	5.90%	4.52%
均值	−13.30%	−11.33%	−0.83%	−1.17%

研究期内疏勒河流域人口规模效应对作物总耗水量和总灰水需求量增加主要表现为促进效应，年均贡献率分别为 3.06% 和 2.13%，且贡献率以 2007—2008 年为突变点。其中，1991—2007 年人口规模效应对作物两种需水量逐年贡献率绝对值相对较小，变化区间分别为 -0.23%~27.03% 和 -0.2%~25.13%，随后贡献率的波动逐渐增大，波动区间分别为 -0.5%~51.3% 和 -0.47%~33.45%。究其原因主要是：1991—2013 年农业人口总数在波动中缓慢增长，趋势性不显著，年均增长率为 1.02%，且 2007 年以后，随着城镇化的迅速发展，越来越多的农村人口流入城市就业，农业人口总数在人口自然增长和机械化变动的综合影响下趋于平稳，减小了对水土资源的压力，所以人口规模效应对作物总耗水量和总灰水需求量增加的贡献率表现出急剧下降后渐趋稳定的变化趋势。

1991—2013 年农业经济发展效应对作物总耗水量和总灰水需求量增加在多数年份（1991—1992 年、1998—1999 年、2003—2004 年、2006—2008 年除外）均表现为拉动作用，该因素是作物两种需水量的主要促进因子，分别为 18.35% 和 18.83%。究其原因主要是：研究期内疏勒河流域人均农业总产值逐年缓慢增长，波动较小，1991—2013 年年均增长率为 10%，农业经济的发展需要农药化肥的投入和水资源的不断供给，促进了作物总耗水量和总灰水需求量的增加。农业经济发展效应对作物总耗水量的贡献率在 1991—1999 年呈现先增大后减小的趋势，1999—2013 年呈现波动上升的趋势。农业经济发展效应对作物总灰水需求量增长的贡献率时间序列变化特征与总耗水量相似，二者均与农业经济发展关系密切。且两种农业经济发展效应贡献率所呈现出的波动性也表明，农业经济发展对水资源的依赖性不稳定。

种植结构调整效应在研究期内多数年份对作物总耗水量和总灰水需求量增加表现为抑制效应，是仅次于水资源强度效应外的主要负向影响因子，效应贡献率均值分别为 -7.42% 和 -1.51%。种植结构调整效应对作物总耗水量增加的抑制作用说明，通过这种种植结构调整有益于节约水资源，提高水资源的利用率，疏勒河流域作物种植结构渐趋合理。但是，从种植结构现状也可以发现，种植结构调整存在一定局限性（图 4-2），需要进一步优化种植结构，例如提高单位耗水量相对较少而产值却在逐渐减少的苹果等作物的耕作技术，提高作物水资源利用效率。

研究期内作物耗水强度效应对作物总耗水量增加主要表现为减量效应，是贡献率绝对值最大的抑制效应，也是最主要的负向影响因子，年均贡献率为 -13.30%，其中 1991—1998 年，耗水强度效应的贡献率逐渐由负值变为正值，从 1991—1992 年的 -13.04% 变为 1998—1999 年的 30.51%，且这一时段内贡献率的上升趋势显著，1999—2004 年贡献率时间序列波动较大，变化区间为—45.89%～54.94%，上下波动近 100%，2004—2013 年耗水强度效应的贡献率又表现出明显的下降趋势，波动性减弱，抑制效应逐年增强。1991—2013 年灰水强度效应对总灰水需求量增长的贡献率在多数年份为负值，主要表现为减量效应，也是贡献率绝对值最大的抑制效应，年均贡献率为—11.33%，其中 1991—1996 年灰水强度效应贡献率绝对值表现为显著的下降趋势，抑制作用逐年增强，1996—2013 年贡献率波动性增强，变动区间为—65.20%～59.06%，变化幅度大于 100%。作物水资源耗水强度效应和灰水强度效应所呈现出的整体抑制作用表明，随着农业技术的进步，水资源的利用效率有了很大的提高，抑制了水资源需求的过度增加，效应的波动性也反映出这种良性互动的不稳定性，需要进一步提高和稳定农业生产技术，研究合理施肥的科学方法，降低水资源强度，逐年稳定促进作物总耗水量和总灰水需求量的减少。

1991—2013 年产业结构效应在多数年份对两种需水量增加表现为增量效应，时间序列波动性较大，贡献率变化区间为—56.24%～46.17%，贡献率均值分别为—0.83%和—1.17%。

第五节 作物耗水量和灰水需求量分解
效应累计变化区域差异

一、石羊河流域作物总耗水量和总灰水需求量分解效应累计分析

如图 4-10 所示，1991—2013 年农业经济发展是作物耗水量累计增加的主要促进因素，产业结构效应次之，在两因素的影响下，截至 2013 年耗水量累计增量分别为 1.91×10^9 m³ 和 4.58×10^8 m³，其中农业经济发展效应时间序列累计变化表现出明显的增加趋势，产业结构效应累计曲线也存在不显著的上升趋势。耗水强度效应和种植结构调整效应累计曲线均表现出明显的下降趋势，截至 2013 年累计效应分别达到 -1.47×10^9 m³ 和 -6.15×10^8 m³，表明效应影响方向相对稳定，且逐年基本为负值。人口变动因素对总耗水量影响最小，除在政策因素影响下 2011—2013 年农业人口非正常变动（图 4-1）导致人口规模效应的突变外，截至 2011 年人口规模累计效应均为正值。1991—2013 年，石羊河流域耗水量累计总效应为 1.50×10^8 m³。

研究期内灰水强度累计效应和种植结构调整累计效应（1991—1996 年、1991—1997 年除外）均为负值，且时间序列表现出明显的下降趋势，说明灰水强度变化和种植结构调整是两种相对稳定的抑制因素，影响方向稳定。1993—2013 年农业经济发展累计效应均为正值且上升趋势显著，产业结构效

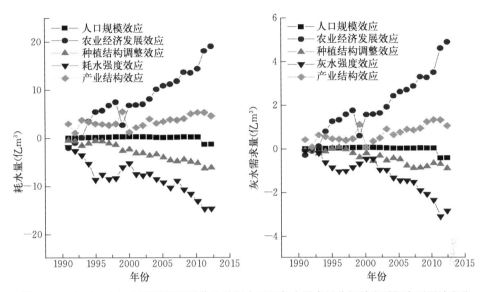

图 4-10 1991—2013 年石羊河流域作物总耗水量和灰水需求量分解效应时间序列累计变化

应和人口规模效应累计曲线也位于零值以上，但波动相对较大，说明这 3 种效应整体上都是总灰水需求量累计增加的促进因素，但农业经济发展效应对总灰水需求量的影响方向最为稳定。截至 2013 年农业经济发展累计效应、产业结构累计效应、人口规模累计效应、灰水强度累计效应、种植结构调整累计效应分别为 $4.88 \times 10^8 \ m^3$、$1.05 \times 10^8 \ m^3$、$-4.12 \times 10^7 \ m^3$、$-2.84 \times 10^8 \ m^3$ 和 $-8.99 \times 10^7 \ m^3$。5 种效应的综合影响下，总灰水需求量逐年累计增加，截至 2013 年累计变化量为 $1.78 \times 10^8 \ m^3$。

二、黑河流域作物总耗水量和总灰水需求量分解效应累计分析

如图 4-11 所示，1991—2013 年，黑河流域作物总耗水量农业经济发展、产业结构时间序列累计效应变化曲线（个别时间段除外）均位于零值以上，其中农业经济发展累计效应随时间增加较快，产业结构累计效应波动较大，说明农业经济发展和产业结构变动使得作物总耗水量在研究期内一直累计增加，经济发展效应对作物耗水量增加的影响方向稳定，主要为促进作用。种植结构调整累计效应曲线和耗水强度效应曲线均位于零值下方，且存在波动下降的趋势，耗水强度效应和种植结构调整效应促使总耗水量一直处于累计减少状态，且水资源强度的抑制作用显著增强。人口规模效应的时间序列累计曲线表现为先增加后减少的趋势，表明其影响方向不稳定。截至 2013 年人口规模累计效应、农业经济发展累计效应、种植结构调整累计效应、耗水强度累计效应、产

业结构累计效应分别为-5.26×10^7 m³、2.51×10^9 m³、-7.63×10^8 m³、-1.69×10^9 m³和3.58×10^8 m³，黑河流域总耗水量累计增加3.61×10^8m³。

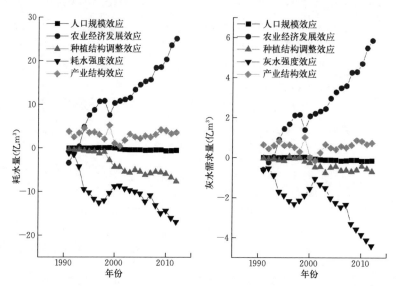

图 4 - 11　1991—2013 年黑河流域作物总耗水量和灰水需求量分解效应时间序列累计变化

1991—2013 年总灰水需求量的农业经济发展累计效应变化曲线、人口规模累计效应变化曲线、产业结构累计效应变化曲线与作物总耗水量相应的累计效应曲线变化特征相似，截至 2013 年在 3 种效应的综合作用下，总灰水需求量的时间序列累计变化量分别为 5.85×10^8 m³、-1.53×10^7 m³ 和 7.35×10^7 m³。种植结构调整对总灰水需求量增加的影响不同于对作物耗水量增加的影响，在种植结构调整的影响下灰水累计变化曲线虽然整体表现为下降趋势，但 2004 年之后，趋势性减弱、波动增大，说明种植结构调整对灰水需求量增加的抑制作用减弱。到 2013 年灰水强度累计效应和种植结构调整累计效应分别为 -4.41×10^8 m³ 和 -7.01×10^7 m³。在 5 种分解效应的综合影响下，截至 2013 年黑河流域总灰水需求量已经累计增加 1.32×10^8 m³，表明 5 种分解因素的综合作用对灰水需求增加的拉动力度更大，且影响方向更稳定。

三、疏勒河流域作物总耗水量和总灰水量分解效应累计分析

如图 4 - 12 所示，1991—2013 年作物耗水量和总灰水需求量的农业经济发展累计效应曲线均呈现显著的上升趋势，截至 2013 年累计变化量分别为 5.26×10^8 m³、1.48×10^8 m³。作物耗水量和总灰水需求量的产业结构累计效应基本均为正值，但趋势性不显著，到 2013 年累计效应分别为 1.44×10^8 m³ 和 $4.05\times$

10^7 m³，说明产业结构效应是两种需水量累计增加的促进因素，但效应方向不稳定。截至 2013 年作物耗水量和总灰水需求量的水资源强度效应累计值均为最大，分别为 -4.80×10^8 m³ 和 -1.23×10^8 m³ 且序列均表现出明显的下降趋势。种植结构调整变化使得作物总耗水量时间序列累计量迅速下降，累计曲线下降趋势显著，拟合优度 $R^2 = 0.902$，种植结构调整效应总灰水需求量逐年累计曲线虽然也表现出下降趋势，但 $R^2 = 0.104$，线性趋势不显著，表明种植结构调整对作物总耗水量增加的影响方向比对总灰水需求量稳定，对耗水量增加的抑制力度也更大。1991—2013 年两种需水量的人口规模效应累计变化曲线相似，整体上呈先缓慢增加随后迅速上升的趋势，截至 2013 年作物耗水量和总灰水需求量人口规模累计效应分别为 4.30×10^7 m³、1.68×10^7 m³。5 种效应综合影响下，截至 2013 年两种需水量累计变化量分别为 6.73×10^7 m³ 和 9.16×10^7 m³。

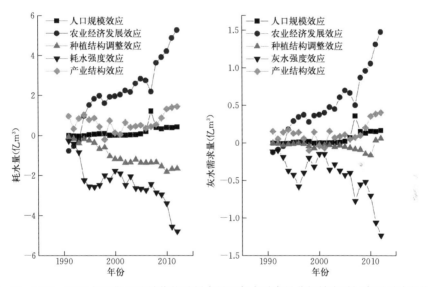

图 4-12　1991—2013 年疏勒河流域作物总耗水量和灰水需求量分解效应时间序列累计变化

第六节　耗水量变化分解效应作物间差异

一、石羊河流域分作物耗水量变化分解结果研究

由图 4-13 可知，1991—2013 年石羊河流域春小麦耗水量 5 种分解效应的时间序列变化均表现出阶段性特征，其中农业经济发展效应、耗水强度效应和产业结构效应阶段性特征较为显著，1991—2001 年 3 种效应的标准差分别为 1.27×10^8 m³、1.06×10^8 m³、1.22×10^8 m³，2001—2013 年标准差分别减

小为 2.91×10^7 m³、3.78×10^7 m³、2.30×10^7 m³，说明农业经济发展效应、耗水强度效应和产业结构效应对春小麦耗水量的影响渐趋稳定。人口规模效应、农业经济发展效应和产业结构调整效应在多数年份表现为增量效应，但人口规模效应呈下降趋势，且时间序列累计为减量效应，截至 2013 年人口数量的变化累计表现为抑制作用，研究期内效应均值分别为 -9.3×10^5 m³、3.7×10^7 m³ 和 1.2×10^7 m³。种植结构调整效应和耗水强度效应在研究期内主要表现为增量效应，效应年均值分别为 -3.4×10^7 m³、-2.7×10^7 m³，其中种植结构调整效应时间序列表现为不显著的下降趋势，耗水强度效应表现为不显著的上升趋势，说明通过调整种植结构达到节约水资源的措施已经初见成效，且这种抑制作用随时间而增强，春小麦耗水强度效应的抑制作用随时间在减弱，需要进一步提高农业技术来减少春小麦单位产值的耗水量。

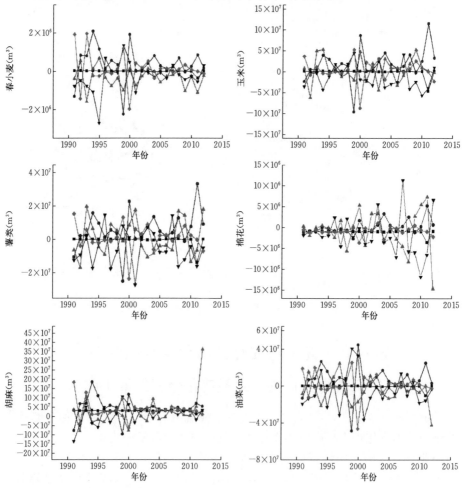

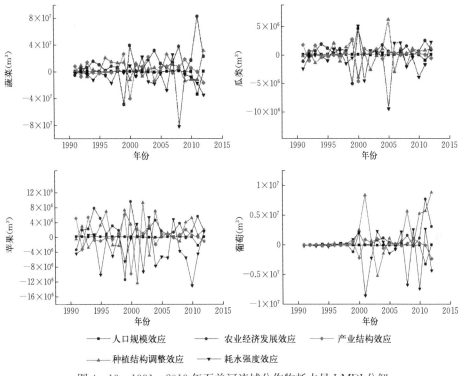

图 4-13　1991—2013 年石羊河流域分作物耗水量 LMDI 分解

　　玉米耗水量变化的分解效应时序变化特征为：5 种效应的时间序列均表现出波动大、趋势性不显著的变化特点，人口规模效应、农业经济发展效应和产业结构效应在多数年份对耗水量的增加表现为促进作用，其中人口规模效应呈下降趋势，农业经济发展效应呈上升趋势，产业结构效应则不存在趋势性，研究期内效应均值分别为 -2.1×10^6 m³、1.8×10^7 m³、2.8×10^6 m³，其中人口规模效应存在阶段性变化特点，1991—2001 年趋势性不明显，2001—2013 年波动增大且存在下降趋势，标准差从 2.38×10^5 m³ 增加为 1.37×10^7 m³，农业经济发展效应是玉米耗水量增加的主要拉动因素。种植结构调整效应时间序列规律不明显，促进和抑制作用交替出现，年均效应值为 3.01×10^7 m³，是仅次于农业经济发展效应的第二个主要促进因子。耗水强度效应主要表现为减量效应，效应年均值为 -1.3×10^7 m³。

　　1991—2013 年农业经济发展效应、人口规模效应和产业结构效应对薯类作物耗水量增加多数年份表现为促进作用，其中农业经济发展效应表现为上升趋势，人口规模效应呈现下降趋势，效应均值分别为 5.6×10^6 m³、-5.9×10^5 m³、1.2×10^6 m³，农业经济发展效应是薯类作物耗水量主要的促进因子，产业结构效应次之，农业经济发展效应的促进作用随时间有增强的趋势，人口规模效应的促进作用在减弱，且 2013 年附近表现为显著的抑制作用。耗水强度效应在研究期内多数年份表现为抑制效应，但效应方向不稳定，趋势性不明显，效应均值为 -4.9×10^6 m³，是薯类作物主要的抑制效应。种植结构调整效应在研究期内影响方向变化较大，整体上累计促进效应大于抑制效应，效应均值为 9.8×10^5 m³。究其原因主要是：薯类作物产值占比随时间变化较大，从 1991 年的 0.057 逐渐上升为 2002 年的 0.120，又逐渐下降为 0.090（图 4-2），所以种植结构调整效应时间序列变化较大。

农业经济发展效应、种植结构调整效应、产业结构效应在主要年份对棉花耗水量变化表现为促进效应，效应年均值分别为 1.4×10^6 m³、2.0×10^5 m³、1.2×10^5 m³，其中农业经济发展效应是棉花耗水量增加的主要增量效应，且呈上升趋势，种植结构调整效应和产业结构效应时间序列正负波动性较大，趋势性不明显。耗水强度效应在多数年份表现为抑制效应，时间序列波动性较大，趋势性不明显，效应均值为 -9.4×10^5 m³。人口规模效应时间序列在多数年份表现为促进效应，且呈下降趋势，年均效应为 -1.5×10^5 m³。1991—2013 年除产业结构效应外，人口规模效应、农业经济发展效应、种植结构调整效应和耗水强度效应均存在明显的阶段性特点，标准差分别从 1991—2001 年的 7.51×10^3 m³、1.28×10^6 m³、3.36×10^6 m³、2.46×10^6 m³ 增加为 2001—2013 年的 8.87×10^5 m³、2.29×10^6 m³、7.52×10^6 m³、7.95×10^6 m³，时间序列波动逐渐增大。

1991—2013 年胡麻耗水量变化最主要且稳定的促进因素为农业经济发展变化，效应均值为 2.3×10^6 m³。产业结构效应和人口规模效应也主要表现为促进效应，且存在阶段性变化特点，效应年均值分别为 9.5×10^5 m³ 和 4.0×10^4 m³。种植结构调整效应和耗水强度效应在研究期内主要表现为抑制效应，时间序列均呈现不显著的上升趋势，效应均值分别为 -4.2×10^5 m³、-2.7×10^6 m³，说明耗水强度效应是胡麻耗水量增加最主要的抑制效应，但两种效应的抑制作用随时间逐渐减弱。总体来看，胡麻耗水量变化的人口规模效应呈下降趋势，种植结构调整效应、耗水强度效应呈上升趋势，其余效应则不存在趋势性。

研究期内油菜耗水量变化的农业经济发展效应是油菜耗水量增加的主要促进因子，效应均值为 6.7×10^6 m³，人口规模效应和产业结构效应正负波动较大，效应均值分别为 -4.0×10^5 m³ 和 1.5×10^6 m³，其中人口规模效应呈下降趋势。油菜的种植结构调整效应和耗水强度效应时间序列波动较大，且种植结构调整效应存在下降趋势，变化率分别为 $1.38 \times 10^7 \text{ m}^3$ 和 $1.85 \times 10^7 \text{ m}^3$，研究期内均主要表现为抑制效应，效应均值分别为 $-5.3 \times 10^6 \text{ m}^3$ 和 $-4.3 \times 10^6 \text{ m}^3$，油菜产值占比的变化是抑制耗水量增加的主要因素。

1991—2013 年农业经济发展效应是蔬菜作物耗水量最主要的促进因素，效应年均值为 $1.3 \times 10^7 \text{ m}^3$。人口规模效应和产业结构效应时间序列正负波动较大，多数年份均表现为促进作用，趋势性不明显，效应均值分别为 $-1.5 \times 10^6 \text{ m}^3$ 和 $2.1 \times 10^6 \text{ m}^3$。种植结构调整效应在研究期内主要表现为促进效应，正负波动较大、趋势性不明显，效应均值为 $4.6 \times 10^6 \text{ m}^3$。究其原因主要是：研究期内蔬菜产值占比显著增加（图 4 - 2），线性上升趋势的拟合优度 $R^2 = 0.858$，这种变化使得种植结构调整效应成为仅次于农业经济发展效应的促进效应之一。耗水强度效应在研究期内主要表现为抑制效应，时间序列波动大、趋势性不显著，效应均值为 $-9.2 \times 10^6 \text{ m}^3$，是蔬菜作物耗水量最主要的抑制效应。

1991—2013 年瓜类作物耗水量变化的分解效应正负波动均较大，其中除了人口规模效应存在下降趋势外，其余效应均不存在趋势性。农业经济发展效应是瓜类作物耗水量增加最主要的促进效应，效应均值为 $6.4 \times 10^5 \text{ m}^3$。人口规模效应、种植结构调整效应和产业结构效应多数年份为正值，效应均值分别为 $-3.9 \times 10^4 \text{ m}^3$、$1.5 \times 10^5 \text{ m}^3$ 和 $1.1 \times 10^5 \text{ m}^3$。耗水强度效应多数年份为抑制效应，效应均值为 $-6.6 \times 10^5 \text{ m}^3$，是瓜类作物耗水量主要的抑制效应。

研究期内农业经济发展效应是苹果耗水量最主要的促进效应，效应均值为 $1.8 \times 10^6 \text{ m}^3$。人口规模效应、种植结构调整效应和产业结构效应时间序列波动和正负方向变化均较大，但多数年份效应为正值，效应均值分别为 $-8.3 \times 10^4 \text{ m}^3$、$1.1 \times 10^6 \text{ m}^3$ 和 $3.8 \times 10^5 \text{ m}^3$。耗水强度效应时间序列正负波动也较大，但主要年份为抑制效应，效应均值为 $-6.6 \times 10^5 \text{ m}^3$，是苹果耗水量主要的抑制效应。除人口规模效应存在下降趋势外，其余分解效应均不存在趋势性。

1991—2013 年葡萄耗水量增加的人口规模效应、农业经济发展效应、种植结构调整效应、耗水强度效应和产业结构效应标准差从 1991—2001 年的 $3.00 \times 10^3 \text{ m}^3$、$7.40 \times 10^5 \text{ m}^3$、$7.41 \times 10^5 \text{ m}^3$、$6.83 \times 10^5 \text{ m}^3$ 和 $6.92 \times 10^5 \text{ m}^3$，增加为 1991—2013 年的 $8.85 \times 10^5 \text{ m}^3$、$2.09 \times 10^6 \text{ m}^3$、$4.09 \times 10^6 \text{ m}^3$、$3.93 \times 10^6 \text{ m}^3$ 和 $8.69 \times 10^5 \text{ m}^3$，表明效应波动性在后 10 年显著增强。农业经济发展效应时间序列表现为增加趋势，效应均值为 $8.4 \times 10^5 \text{ m}^3$，表明农业经济发

对葡萄耗水量增加的促进作用有随时间增强的趋势。人口规模效应和产业结构
效应的促进和抑制效应波动较大，效应均值分别为 -1.4×10^5 m^3 和 1.3×10^4 m^3，
其中人口规模效应存在下降趋势。1991—2013 年种植结构调整效应多数年份
表现为促进效应，且促进效应相对稳定，效应均值为 1.5×10^6 m^3，是葡萄耗
水量增加第二个主要促进效应，且这种拉动作用还存在随时间增强的趋势。耗
水强度效应在研究期内正负波动较大，促进和抑制效应均存在，时间序列整体
呈现下降趋势，效应均值为 -7.9×10^5 m^3，是作物耗水量增加最主要的抑制
效应，且这种抑制效应存在增强的趋势。

二、黑河流域分作物耗水量变化分解结果研究

如图 4-14 所示，1991—2013 年黑河流域春小麦耗水量的分解效应均表
现出阶段性特征，其中农业经济发展效应、耗水强度效应和产业结构效应的阶
段性特征较为显著，1991—2001 年 3 种效应的标准差分别为 1.07×10^8 m^3、
1.07×10^8 m^3 和 9.71×10^7 m^3，2001—2013 年标准差分别减小为 2.30×10^7 m^3、
2.36×10^7 m^3、2.16×10^7 m^3，表明农业经济发展效应、耗水强度效应和产业
结构效应对春小麦耗水量的影响渐趋稳定。农业经济发展效应在多数年份为正
值，是春小麦耗水量增加最主要的增量效应，效应均值为 3.82×10^7 m^3。种植
结构调整效应和耗水强度效应是耗水量变化的减量效应，其中耗水强度效应表
现出不显著的上升趋势，年均值分别为 -2.90×10^7 m^3 和 -2.63×10^7 m^3，
说明耗水强度效应对春小麦耗水量增加的抑制作用在减弱，需要进一步提高
春小麦的水资源强度。人口规模效应和产业结构效应时间序列不稳定，正负
波动较大，时间序列均值分别为 -6.69×10^5 m^3、6.63×10^6 m^3，其中人口
规模效应 1991—2000 年逐年为正值，2000—2007 年又逐年变为负值，随后
主要表现为促进效应，产业结构效应促进和抑制作用交替出现，累计为增量
效应。

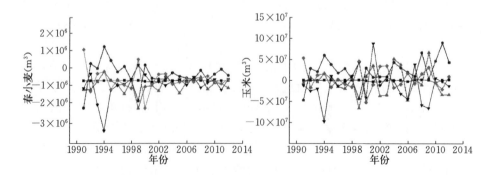

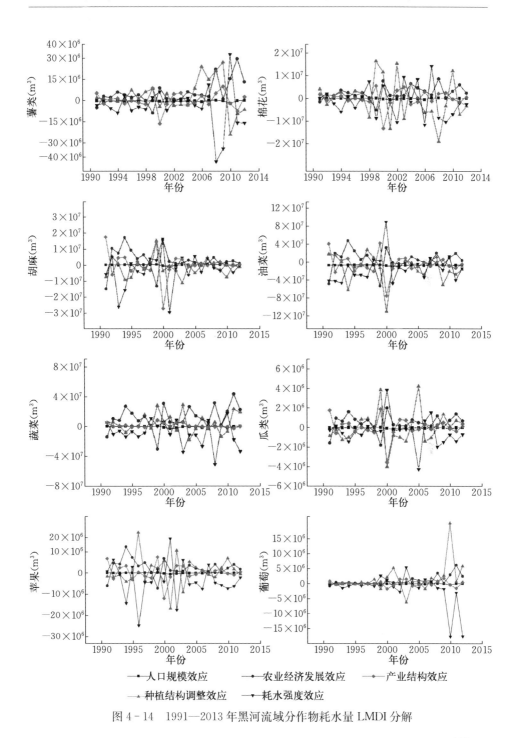

图 4-14 1991—2013 年黑河流域分作物耗水量 LMDI 分解

与石羊河流域相似，玉米耗水量分解效应均表现出波动大、趋势性不显著的变化特点。其中，人口规模效应存在阶段性变化特点，1991—2000 年趋势性不明显，2000—2013 年波动性增大且存在下降趋势，标准差从 3.52×10^5 m^3 增加为 2.77×10^6 m^3。农业经济发展效应是耗水量变化的主要增量效应，效应值基本稳定为正值，年均值 1.8×10^7 m^3。种植结构调整效应时间序列规律不明显，正负波动较大，年均效应值为 -4.88×10^6 m^3。1991—2013 年耗水强度效应主要表现为抑制作用，是玉米耗水量主要的抑制效应，时间序列存在阶段性特征，1991—2002 年效应值存在明显的上升趋势，随后又表现出不显著的下降趋势，表明玉米耗水强度效应的抑制作用增强，效应均值为 -1.47×10^7 m^3。除农业经济发展效应存在上升趋势外，其余效应均不存在趋势性。

研究期内薯类作物人口规模效应、种植结构调整效应和耗水强度效应表现出明显的阶段性变化特征，各效应标准差分别从 1991—2006 年的 2.66×10^5 m^3、6.83×10^6 m^3 和 4.22×10^6 m^3 增加到 2006—2013 年的 7.60×10^5 m^3、1.85×10^7 m^3 和 2.41×10^7 m^3，波动性增强，时间序列均值分别为 -1.01×10^5 m^3、3.56×10^6 m^3、-4.48×10^6 m^3，其中人口规模效应和种植结构调整效应正负波动较大，耗水强度效应是主要的抑制效应。农业经济发展是主要的促进因子，时间序列内表现为明显的上升趋势，促进作用不断增强，效应均值为 5.65×10^6 m^3。产业结构效应趋势性不明显，效应均值为 4.18×10^5 m^3。

1991—2013 年棉花的人口规模效应和种植结构调整效应也存在阶段性变化，1991—1997 年效应标准差分别为 1.84×10^4 m^3、2.82×10^6 m^3，1997—2013 年标准差增加为 3.03×10^5 m^3、1.27×10^7 m^3，两种效应波动逐渐变大，稳定性减弱，效应均值分别为 -9.16×10^4 m^3 和 -2.38×10^5 m^3，其中人口规模效应趋势性不明显，种植结构调整效应时间序列表现出明显的下降趋势，说明通过调整棉花种植结构抑制了作物耗水量的增加。农业经济发展效应是棉花耗水量增加的主要因素，存在明显的上升趋势，效应均值为 3.0×10^6 m^3。1991—2013 年棉花的耗水强度效应对耗水量增加的影响方向不稳定，2004—2013 年耗水强度效应基本稳定为负值，抑制作用较明显，效应均值为 -1.69×10^6 m^3。产业结构效应的波动较大，累计均值为 -6.89×10^4 m^3。

1991—2013 年胡麻耗水量变化的分解效应波动较大，均不存在趋势性。农业经济发展效应、耗水强度效应和产业结构效应表现出阶段性特征，标准差分别从 1991—2002 年的 9.95×10^6 m^3、1.33×10^7 m^3 和 1.12×10^7 m^3 减小为 1.24×10^6 m^3、3.90×10^6 m^3 和 1.62×10^6 m^3，序列变化渐趋稳定，其中农业经济发展效应是最主要的促进效应，效应均值为 2.81×10^6 m^3。耗水强度效应波动大，对耗水量的抑制作用不稳定，效应均值为 -3.16×10^6 m^3。研究期内产业结构效应波动较大，效应均值为 1.64×10^5 m^3。1991—2013 年胡麻种植结构调整效应基本稳定为负值，表现为稳定的抑制作用，效应均值为 -3.16×10^6 m^3。研究期内人口规模效应时间序列累计表现为减量效应，效应均值为 -8.40×10^4 m^3。

1991—2013 年油菜耗水量变化的农业经济发展效应时间序列稳定为正值，是油菜主要的促进效应，时间序列均值为 1.63×10^7 m^3。1991—2001 年耗水强度效应存在明显的增长趋势，线性拟合优度 $R^2 = 0.572$，2001—2013 年波动较大，趋势性不明显，整体上耗水强度效应的抑制作用不稳定，时间序列均值为 -1.01×10^7 m^3。油菜种植结构调整效应 2010—2013 年主要表现为减量效应，效应均值为 -9.79×10^6 m^3。1991—2000 年人口规模效应波动相对较小，标准差为 3.44×10^5 m^3，2000—2013 年时间序列效应值波动较大，标准差增加为 1.37×10^6 m^3。研究期内产业结构效应波动较大，时间序列趋势性不明显，效应均值为 2.00×10^6 m^3。

蔬菜作物耗水量变化的农业经济发展效应是最稳定的促进因子，时间序列存在明显的上升趋势，效应均值为 1.21×10^7 m^3。1991—2013 年人口规模效应和种植结构调整效应时间序列正负向不稳定，效应均值分别为 -3.19×10^5 m^3、4.70×10^6 m^3。耗水强度效应在研究期内主要表现为抑制效应，且存在下降趋势，但效应波动逐渐增大，效应均值为 -8.92×10^6 m^3。产业结构效应在研究期内也存在阶段性变化，1991—2000 年效应波动较大、趋势性不明显，2000—2013 年呈现波动中显著下降的趋势，线性拟合优度 $R^2 = 0.492$，累计效应均值为 1.27×10^6 m^3。

1991—2013 年瓜类作物耗水量变化的分解效应波动均较大，且均不存在趋势性变化。其中，农业经济发展是瓜类作物耗水量增加最主要的促进因子，效应均值为 4.90×10^5 m^3。瓜类作物耗水强度效应在多数年份主要表现为抑制效应，是最主要的抑制效应且趋势性不显著，效应均值为 -4.15×10^5 m^3。人口规模效应、种植结构调整效应及产业结构效应正负向波动较大，时间序列累计效应均值分别为 -1.53×10^4 m^3、-1.03×10^4 m^3 和 3.26×10^4 m^3。

1991—2013 年苹果耗水变化的分解效应波动均较大，且均不存在趋势性变化。其中，农业经济发展效应是苹果耗水量变化最主要的促进因素，效应值基本稳定为正向，效应均值为 3.65×10^6 m^3。耗水强度效应多数年份为负值，是主要的抑制因素，时间序列趋势性不显著，效应值为 -5.17×10^6 m^3。人口规模效应、种植结构调整效应和产业结构效应均值分别为 -8.12×10^4 m^3、

1.17×10^6 m³ 和 2.82×10^5 m³。

1991—2013 年葡萄耗水量的人口规模效应阶段性变化显著,1991—2000 年效应值相对稳定,标准差仅为 2.84×10^3 m³,2000—2013 年变化率显著增加,效应标准差上升为 1.13×10^5 m³,时间序列累计均值为 -2.58×10^4 m³,累计表现为抑制作用。农业经济发展效应时间序列上升趋势显著,拟合优度高达 0.461,稳定为促进效应,且二者的依存度还在进一步增强,效应均值为 1.00×10^6 m³。葡萄种植结构调整效应在研究期内主要表现为促进效应,且序列呈现上升趋势,表明促进效应随时间增强,时间序列累计均值为 1.51×10^6 m³,是仅次于农业经济发展效应的促进因子。耗水强度效应对葡萄耗水量变化主要表现为抑制效应,且时间序列存在明显的下降趋势,表明耗水强度效应的抑制作用随时间增强,是最主要的抑制因素,效应均值为 -1.81×10^6 m³。产业结构效应对葡萄耗水量的影响方向不稳定,时间序列均值为 1.18×10^5 m³。

三、疏勒河流域分作物耗水量变化分解结果研究

如图 4-15 所示,1991—2013 年疏勒河流域春小麦耗水量变化的农业经济发展效应、产业结构效应时间序列变化阶段性明显,1991—2001 年序列标准差分别为 2.57×10^7 m³、2.66×10^7 m³,2001—2013 年减小为 8.98×10^6 m³、5.88×10^6 m³,效应值趋向稳定。其中,农业经济发展效应基本稳定为正值,产业结构效应多数年份也表现为促进效应,效应均值分别为 6.64×10^6 m³ 和 2.16×10^6 m³。人口规模效应多数年份为促进,累计均值为 1.16×10^5 m³。种植结构调整效应和耗水强度效应多数年份均表现为抑制效应,效应均值分别为 -8.08×10^6 m³ 和 -6.11×10^6 m³,其中耗水强度效应表现出明显的上升趋势,种植结构调整效应波动较大。人口规模效应不存在趋势性,累计表现为促进效应,累计均值为 2.94×10^5 m³。

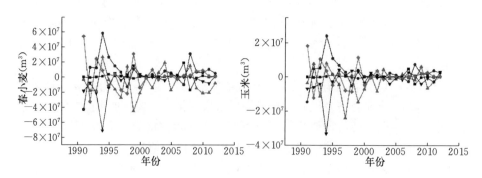

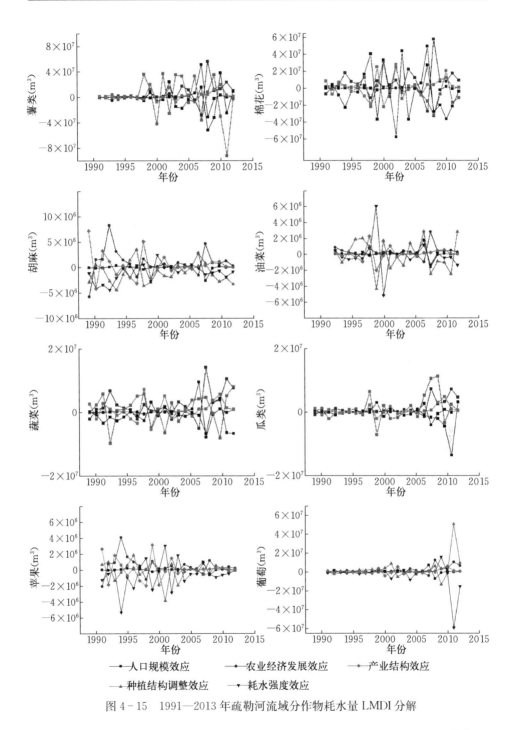

图 4-15　1991—2013 年疏勒河流域分作物耗水量 LMDI 分解

1991—2013 年玉米耗水量的人口规模效应趋势不显著，年均值为 1.16×10^5 m^3。种植结构调整效应和耗水强度效应多数年份均为抑制效应，累计效应均值分别为 -2.51×10^6 m^3 和 -2.22×10^6 m^3，累计表现为抑制效应，研究期内两种效应变化率均逐渐减小，标准差分别从 1991—2000 年的 1.0×10^7 m^3 和 1.09×10^7 m^3 减小为 2000—2013 年的 4.14×10^6 m^3 和 2.36×10^6 m^3，时间序列渐趋稳定，其中耗水强度效应表现出上升趋势，种植结构调整效应不存在趋势性，说明玉米种植技术的进步抑制了作物耗水量的增加，但这种抑制作用在减弱。农业经济发展效应是最主要的促进因子，产业结构效应的影响方向则不稳定，效应均值分别为 2.63×10^6 m^3、6.84×10^5 m^3。

1991—2013 年薯类作物耗水量变化的人口规模效应、农业经济发展效应和耗水强度效应时间序列阶段性明显，效应标准差分别从 1991—2000 年的 5.15×10^3 m^3、2.29×10^4 m^3 和 3.81×10^4 m^3 增加为 1.66×10^5 m^3、1.82×10^5 m^3 和 2.31×10^5 m^3，效应波动逐渐增大，时间序列均值分别为 1.29×10^4 m^3、5.40×10^4 m^3 和 -3.71×10^4 m^3，其中农业经济发展效应呈上升趋势，耗水强度效应在多数年份表现为抑制作用。种植结构调整效应与产业结构效应也表现出阶段性变化，但变化阶段不同，两种效应标准差分别从 1991—1997 年的 2.50×10^4 m^3、7.32×10^3 m^3 增加为 1997—2013 年的 3.70×10^5 m^3、8.79×10^4 m^3，波动性增强，时间序列均值分别为 -4.35×10^3 m^3、2.52×10^4 m^3，其中种植结构调整效应存在下降趋势。

1991—2013 年棉花耗水量的人口规模效应、农业经济发展效应时间序列波动较大，效应均值分别为 1.19×10^6 m^3 和 6.59×10^6 m^3，其中农业经济发展效应存在上升趋势。棉花种植结构调整对耗水量变化的影响方向不稳定，1991—2000 年主要表现为促进效应，2000—2013 年主要为抑制效应，时间序列呈下降趋势，累计均值为 -8.25×10^5 m^3。耗水强度效应的影响方向主要为负向，是主要的减量效应，效应均值为 -5.70×10^6 m^3。产业结构效应在多数年份主要表现为促进效应，效应均值为 1.17×10^6 m^3。

1991—2013 年农业人口变动和农业经济发展对胡麻耗水量增长的影响在多数年份为正向，效应均值分别为 2.44×10^4 m^3 和 8.76×10^5 m^3，其中农业经济发展的促进效应较稳定，但均不存在趋势性。胡麻种植结构调整在研究期内主要表现为抑制效应，且时间序列波动大，累计均值为 -1.07×10^6 m^3。耗水强度效应主要为抑制作用，研究期内整体效应线性趋势不显著，1991—2001 年效应时间序列表现出明显的上升趋势，拟合优度达 0.401，2001—2013 年耗水强度效应又呈现出显著的下降趋势，$R^2 = 0.408$，23 年间效应均值为 -1.04×10^6 m^3。产业结构效应多数年份为促进效应，时间序列波动性逐渐减弱，标准差从

1991—2002年的3.27×10^6 m^{3}减小为2002—2013年的5.04×10^5 m^3，效应值趋向稳定，累计均值为3.64×10^5 m^3。

研究期内油菜耗水量变化分解效应波动均较大，且均不存在趋势性。其中，人口规模效应和农业经济发展效应主要表现为稳定的促进效应，效应均值分别为1.79×10^4 m^{3}和3.32×10^5 m^3。种植结构调整效应、耗水强度效应和产业结构效应时间序列影响方向波动均较大，其中种植结构调整效应和耗水强度效应主要为减量效应，累计效应均值都为负，分别为-1.03×10^5 m^{3}和-1.45×10^5 m^3，产业结构效应多数年份显示为促进效应，累计效应均值为3.91×10^4 m^3。

1991—2013年农业经济发展促使蔬菜作物耗水量的增加，农业经济发展效应成为主要的促进因子，时间序列表现出上升趋势，其余分解效应均不存在趋势性，说明农业经济发展对蔬菜耗水量的促进作用还在增加，累计均值为3.25×10^6 m^3。人口规模效应在研究期内主要为促进效应，累计均值为2.24×10^5 m^3，是促进力最小的影响因子。种植结构调整效应的促进作用明显，影响方向稳定为正值，是仅次于农业经济发展效应的促进因子，累计效应均值为1.25×10^6 m^3。耗水强度效应在研究期内主要为负向影响，抑制作用显著，是最主要的抑制因素，效应累计均值为-1.81×10^6 m^3。产业结构效应时间序列正负向不稳定，多数年份为正值，累计值为9.27×10^5 m^3。

研究期内瓜类作物耗水量的人口规模效应、农业经济发展效应线性趋势不显著，主要为促进效应，累计均值分别为-3.20×10^4 m^3、1.21×10^6 m^3，农业经济发展效应存在上升趋势。瓜类作物种植结构变动对耗水量的影响方向变化较大，多数年份为促进效应，时间序列表现出上升趋势，效应均值为1.05×10^6 m^3。耗水强度效应多数年份表现为稳定的抑制效应，时间序列呈现出明显的下降趋势，累计效应均值为-9.03×10^5 m^3，说明瓜类作物结构调整的促进作用和农业技术水平提高对水资源消耗的抑制作用随时间均有增强的趋势。1991—2013年产业结构效应表现出明显的上升趋势，多数年份为促进效应，累计效应均值为4.63×10^5 m^3。

1991—2013年苹果耗水量的人口规模效应和农业经济发展效应时间序列均不存在趋势性，效应均值分别为2.57×10^4 m^{3}和4.33×10^5 m^3。种植结构调整效应在研究期内影响方向不稳定，效应均值为-1.67×10^5 m^3。耗水强度效应表现为明显的抑制作用，影响方向相对稳定，且存在上升趋势，累计效应均值为-6.40×10^5 m^3。产业结构效应波动性较大，但多数年份表现为促进效应，累计效应均值为8.00×10^4 m^3。

1991—2013年葡萄耗水量变化的人口规模效应和农业经济发展效应时间

序列累计均值分别为 8.28×10^4 m³ 和 1.93×10^6 m³，其中农业经济发展效应呈上升趋势。葡萄种植结构调整效应促进和抑制作用交替出现，序列呈现出上升趋势，累计正向效应大于累计负向效应，效应均值为 2.90×10^6 m³。葡萄耗水强度效应波动性相对较小，主要年份表现为抑制作用，且存在下降趋势，累计效应均值为 -3.21×10^6 m³。产业结构效应在研究期内主要表现为促进效应，时间序列存在明显的上升趋势，累计效应均值为 6.42×10^5 m³。

第七节　灰水需求量变化分解效应作物间差异

一、石羊河流域分作物灰水需求量变化分解结果研究

如图 4-16 所示，1991—2013 年石羊河流域 10 种主要作物灰水需求量的人口规模效应多数年份表现为促进效应。其中，薯类作物、棉花和葡萄灰水需求量人口规模效应累计均值为负，分别为 -1.24×10^3 m³、-7.70×10^3 m³ 和 -1.72×10^2 m³，累计表现为减量效应；春小麦、玉米、胡麻、油菜、苹果、瓜类作物和蔬菜作物的序列累计均值分别为 1.04×10^5 m³、0.65×10^4 m³、0.48×10^3 m³、8.68×10^3 m³、5.99×10^3 m³、5.66×10^3 m³ 和 1.84×10^4 m³，累计表现为增量效应，且春小麦人口规模累计效应均值最大，苹果、玉米次之，葡萄的人口规模累计效应均值绝对值最小。春小麦、薯类作物、油料作物、瓜类作物、苹果灰水变化的人口规模效应在研究期内均呈下降趋势，其余作物不存在趋势性。主要作物灰水需求量人口规模效应均表现出阶段性变化特点，1991—2005 年序列变化均呈现出显著的下降趋势，2004—2013 年人口规模效应序列趋势性均不显著，波动较大。

研究期内，除 1991—1992 年、1999—2000 年、2009—2010 年外，主要作物灰水需求量变化农业经济发展效应均为正值，是灰水需求量增长影响方向最稳定的促进效应。春小麦、玉米、薯类作物、棉花、胡麻、油菜、蔬菜作物、瓜类作物、苹果和葡萄农业经济发展效应的时间序列累计均值分别为 6.94×10^6 m³、5.64×10^6 m³、1.33×10^6 m³、1.58×10^6 m³、1.96×10^5 m³、1.17×10^6 m³、4.36×10^6 m³、7.31×10^5 m³、2.61×10^6 m³ 和 8.37×10^5 m³。其中，春小麦农业经济发展效应时间序列累计均值最大，玉米次之，胡麻最小；玉米、薯类作物、棉花、胡麻、蔬菜作物、葡萄农业经济发展效应均存在上升趋势，其余作物不存在趋势性。

1991—2013 年主要作物种植结构调整效应时间序列正负波动均较大，其中春小麦和油菜种植结构调整在多数年份表现为抑制效应，累计均值分别为 -6.95×10^6 m³ 和 -9.37×10^5 m³，玉米、薯类作物、棉花、胡麻、蔬菜作

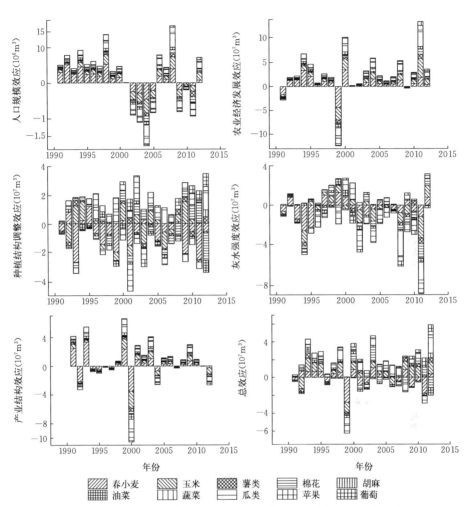

图 4-16 1991—2013 年石羊河流域分作物灰水需求量 LMDI 分解效应

物、瓜类作物、苹果和葡萄种植结构调整效应多数年份为正值，时间序列累计均值表现为促进效应，效应均值分别为 9.68×10^5 m³、2.29×10^5 m³、2.85×10^5 m³、2.33×10^4 m³、1.48×10^6 m³、1.59×10^5 m³、1.62×10^6 m³ 和 1.45×10^6 m³。综上所述，春小麦种植结构调整效应累积均值的绝对值最大，蔬菜作物次之，胡麻最小，其中胡麻、葡萄种植结构调整效应呈上升趋势，油料作物呈下降趋势。

1991—2013 主要作物的灰水强度效应主要年份均为负值，对灰水需求量的增加表现为抑制作用，是最主要的抑制效应，春小麦、胡麻灰水强度效应均值分别为-2.77×10^6 m³、-1.06×10^5 m³，玉米、薯类作物、棉花、油菜、蔬菜作物、瓜类作物、苹果和葡萄灰水强度效应均值分别为-2.40×10^6 m³、-7.11×10^5 m³、-1.10×10^6 m³、-4.59×10^5 m³、-2.21×10^6 m³、-4.96×10^5 m³、-3.76×10^6 m³和-6.68×10^5 m³，其中棉花灰水强度效应均呈下降趋势，胡麻、蔬菜作物、苹果、葡萄呈上升趋势，且苹果灰水强度效应累计绝对值最大，其次分别为春小麦、玉米、蔬菜作物、棉花、薯类作物、葡萄、瓜类作物、油菜、胡麻。

1991—2013年主要作物灰水需求量产业结构效应的促进和抑制作用交替出现，但多数年份表现为促进效应，序列趋势性均不显著；产业结构效应波动均较大，趋势性均不明显，但累计效应均表现为增量效应。研究期内主要作物产业结构效应累计均值由大到小排序为：春小麦＞玉米＞蔬菜作物＞苹果＞油菜＞薯类作物＞棉花＞瓜类作物＞胡麻＞葡萄，分别为2.07×10^6 m³、7.41×10^5 m³、6.69×10^5 m³、5.02×10^5 m³、2.42×10^5 m³、9.00×10^5 m³、1.56×10^5 m³、1.15×10^5 m³、5.92×10^4 m³和1.33×10^4 m³。

研究期内春小麦、薯类作物、棉花、胡麻、油菜、苹果时间序列灰水需求量总效应正负波动较大，其中春小麦、油菜累计效应表现为抑制作用，效应均值分别为-6.10×10^5 m³、-7.35×10^4 m³，薯类作物、棉花、胡麻和苹果累计效应均值则表现为促进效应，总效应累计均值分别为9.00×10^5 m³、9.18×10^5 m³、1.66×10^5 m³和8.24×10^5 m³。玉米、蔬菜作物、瓜类作物和葡萄总效应时间序列主要为正值，基本稳定为促进效应，时间序列累计均值分别为4.23×10^6 m³、3.74×10^6 m³、4.48×10^5 m³和1.48×10^6 m³。1991—2013年春小麦、油菜、苹果灰水总效应呈现明显的下降趋势，玉米、胡麻、葡萄均呈上升趋势。综上所述，春小麦、油菜除外，其他作物在5种效应的综合影响下使得作物灰水需求量累计增加。

二、黑河流域分作物灰水需求量变化分解结果研究

如图4-17所示，1991—2013年黑河流域10种主要作物灰水需求量变化人口规模效应正负波动较大，均不存在趋势性，但累计效应均值均表现为抑制效应，春小麦、玉米、薯类作物、棉花、胡麻、油菜、蔬菜作物、瓜类作物、苹果和葡萄人口规模效应均值分别为$-112\ 195.97$ m³、$-182\ 792.09$ m³、$-19\ 344.93$ m³、$-68\ 803.58$ m³、$-7\ 787.67$ m³、$-61\ 005.46$ m³、$-117\ 205.13$ m³、$-12\ 639.31$ m³、$-91\ 204.04$ m³和$-21\ 835.50$ m³，其中玉米人口规模效应累计绝对值最大，其次是蔬菜作物，胡麻最小。10种主要作物人口规模效应时间序列波动性有增强的趋势，1991—1999年人口规模效

应波动性普遍小于后来年份，时间序列整体线性趋势不显著。

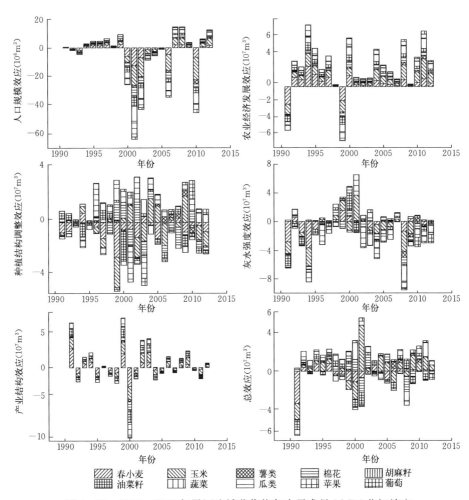

图 4-17　1991—2013 年黑河流域分作物灰水需求量 LMDI 分解效应

1991—2013 年（1991—1992 年、1999—2000 年除外），主要作物灰水需求量变化的农业经济增长效应均为正值，是灰水需求量最主要的增量效应，累计效应均值排序为：玉米>春小麦>蔬菜作物>苹果>油菜>棉花>薯类作物>葡萄>瓜类作物>胡麻，效应均值分别为 7.54×10^6 m³、5.32×10^6 m³、3.92×10^6 m³、3.39×10^6 m³、2.31×10^6 m³、1.87×10^6 m³、9.41×10^5 m³、7.38×10^5 m³、3.44×10^5 m³ 和 2.22×10^5 m³。研究期内玉米、薯类作物、棉花、蔬菜作物、葡萄农业经济增长效应呈上升趋势，其余作物均不存在趋势性，其中葡萄的农业经济增长效应线性趋势最显著，拟合优度达 0.47，其次为薯类作物，拟合优度为 0.36。

主要作物种植结构调整效应时间序列正负波动较大，其中春小麦、玉米、胡麻、油菜和瓜类作物种植结构调整效应在多数年份为负值，对灰水需求量的增加累计表现为抑制效应，效应均值分别为 -4.37×10^6 m^3、-1.44×10^6 m^3、-1.46×10^5 m^3、-1.48×10^6 m^3 和 -2.34×10^4 m^3，其中累计抑制效应最大的是春小麦，其次是油菜，最小的是瓜类作物。薯类作物、棉花、蔬菜、苹果和葡萄种植结构调整对灰水需求量的增加主要表现为促进作用，除棉花外，其他作物累计效应均值均为正，分别为 6.17×10^5 m^3、2.88×10^4 m^3、1.56×10^6 m^3、1.06×10^6 m^3 和 1.07×10^6 m^3，累计促进效应最大的是蔬菜作物，其次是葡萄，最小的是薯类作物。研究期内除葡萄种植结构调整效应存在上升趋势外，其余作物均不存在趋势性。

1991—2013 年黑河流域 10 种主要作物的灰水强度效应多数年份均为负值，对灰水需求量表现为抑制作用，是最主要的抑制效应。主要作物灰水强度效应时间序列波动性均较大，其中春小麦灰水强度效应呈现上升趋势，蔬菜作物、葡萄表现为下降趋势。研究期内灰水强度累计效应抑制作用最大的为苹果，其次依次为春小麦、玉米、蔬菜作物、油菜、葡萄、棉花、薯类作物、瓜类作物和胡麻，累计效应均值分别为 -4.39×10^6 m^3、-3.75×10^6 m^3、-3.54×10^6 m^3、-3.12×10^6 m^3、-1.40×10^6 m^3、-1.29×10^6 m^3、-1.26×10^6 m^3、-7.67×10^5 m^3、-2.69×10^5 m^3 和 -2.48×10^5 m^3。

1991—2013 年作物灰水需求量变化的产业结构效应正负波动较大，是波动性最大的影响因素，其中除棉花外，其余累积均值均为正值，产业结构累积效应均值以玉米最大，然后依次是春小麦、蔬菜作物、油菜、苹果、葡萄、薯类作物、瓜类作物和胡麻，分别为 1.42×10^6 m^3、9.73×10^5 m^3、3.27×10^5 m^3、2.67×10^5 m^3、1.91×10^5 m^3、9.25×10^4 m^3、7.18×10^4 m^3、1.62×10^4 m^3 和 7.18×10^3 m^3，且 10 种主要作物产业结构效应时间序列整体波动性较大，均不存在趋势性。

研究期内黑河流域主要作物灰水总效应时间序列特征差别较大，春小麦、胡麻、油菜、苹果总效应多数年份为负值，其中苹果累计促进效应大于累计抑制效应，均值为 1.64×10^5 m^3，累计效应表现为促进效应，其余作物春小麦、胡麻、油菜累计均值均为负值，分别为 -1.94×10^6 m^3、-1.72×10^5 m^3、-3.69×10^5 m^3，累计效应表现为抑制效应。玉米、薯类作物、棉花、蔬菜作物、瓜类作物和葡萄总效应时间序列虽然波动也较大，但时间序列总效应累计均值均为正，分别为 3.79×10^6 m^3、8.43×10^5 m^3、4.89×10^5 m^3、2.57×10^6 m^3、5.54×10^4 m^3、5.81×10^5 m^3。整体上，棉花和苹果呈下降趋势，小麦、玉米、薯类作物总效应呈上升趋势，其余作物则不存在趋势性。

三、疏勒河流域分作物灰水需求量变化分解结果研究

如图 4-18 所示，疏勒河流域 10 种主要作物灰水需求量人口规模效应时间序列主要表现为促进效应，时间序列累计值均为正，且人口规模效应均呈上升趋势。其中，春小麦、玉米、胡麻和苹果的人口规模效应时间序列变化相似，整体波动较大，效应均值分别为 8.42×10^4 m³、3.30×10^4 m³、4.39×10^3 m³ 和 1.65×10^4 m³，薯类作物、棉花、油菜、蔬菜作物、瓜类作物和葡萄人口规模效应时间序列变化曲线相似，累计效应均值分别为 1.39×10^3 m³、4.43×10^5 m³、4.20×10^3 m³、1.00×10^5 m³、7.05×10^4 m³ 和 1.26×10^5 m³。整体上，棉花的人口规模效应累计均值最大，葡萄次之，薯类作物最小。

1991—2013 年主要作物灰水需求量变化的农业经济发展效应基本稳定为正值，是最主要的促进效应，其中薯类作物、棉花、蔬菜作物、瓜类作物和葡萄表现为上升趋势，累计效应均值分别为 6.70×10^3 m³、2.55×10^6 m³、8.69×10^5 m³、6.25×10^5 m³ 和 1.02×10^6 m³，春小麦、玉米、油菜、胡麻和苹果波动较大，不存在趋势性，累计效应均值分别为 8.47×10^5 m³、4.35×10^5 m³、3.48×10^4 m³、5.29×10^4 m³ 和 2.68×10^5 m³。

1991—2013 年疏勒河流域不同作物种植结构调整效应时间序列正负波动均较大，其中薯类作物、棉花种植结构调整效应呈下降趋势，瓜类作物、葡萄呈上升趋势，且春小麦、玉米、薯类作物、棉花、胡麻、油菜和苹果多数年份主要表现为抑制效应，效应累计均值分别为 -1.17×10^6 m³、-4.22×10^5 m³、-8.30×10^2 m³、-2.97×10^5 m³、-7.18×10^4 m³、-1.31×10^4 m³ 和 -1.25×10^5 m³。种植结构调整累计效应均值绝对值最大的是葡萄，其次由大到小排列依次为春小麦、玉米、瓜类作物、蔬菜作物、棉花、苹果、胡麻、油菜、薯类作物。

研究期内主要作物灰水强度效应随时间波动性显著，但多数年份为负值，主要表现为抑制效应，是作物灰水需求量的主要减量效应，累计效应均值均为负，绝对值大小排序为：棉花＞葡萄＞春小麦＞玉米＞苹果＞蔬菜作物＞瓜类作物＞胡麻＞油菜＞薯类作物，效应均值分别为 -2.10×10^6 m³、1.60×10^6 m³、-6.88×10^5 m³、-3.56×10^5 m³、-1.25×10^5 m³、-2.77×10^5 m³、-2.34×10^5 m³、-3.75×10^4 m³、-9.54×10^3 m³ 和 -3.65×10^3 m³。瓜类作物、葡萄灰水强度效应呈下降趋势，小麦、玉米表现出上升趋势，其余作物则不存在趋势性。

1991—2013 年主要作物产业结构效应时间序列多数年份为促进效应，其

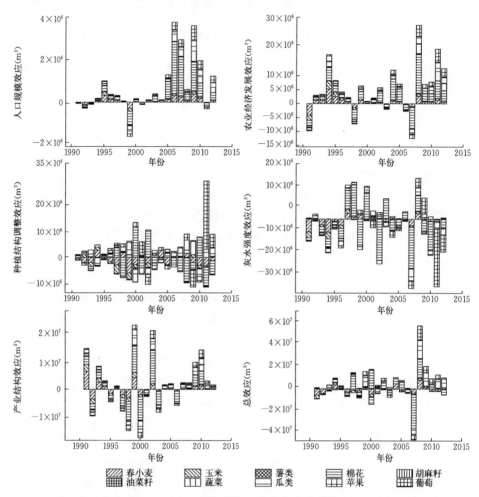

图 4-18 1991—2013 年疏勒河流域分作物灰水需求量 LMDI 分解效应

中薯类作物、蔬菜作物、瓜类作物、葡萄产业结构效应均呈上升趋势，其余作物不存在趋势性，且累计效应均值均为正。春小麦、玉米、薯类作物、棉花、胡麻、油菜、蔬菜作物、瓜类作物、苹果和葡萄累计效应均值分别为 3.08×10^5 m³、1.23×10^5 m³、3.15×10^3 m³、5.10×10^5 m³、1.98×10^4 m³、5.11×10^3 m³、2.53×10^5 m³、2.34×10^5 m³、4.27×10^4 m³ 和 3.42×10^5 m³。

1991—2013 年主要作物总效应时间序列变化正负波动较大，促进和抑制效应交替出现，其中春小麦、玉米、胡麻和苹果总效应时间序列多数年份显示为抑制效应，累计均值分别为 -6.17×10^5 m³、-1.87×10^5 m³、-3.23×10^4 m³ 和 -1.01×10^5 m³。薯类作物、棉花、油菜、蔬菜作物、瓜类作物和葡萄总效应累计均值为正值，累计表现为促进效应，均值分别为 6.76×10^3 m³、1.12×10^6 m³、2.15×10^4 m³、1.25×10^6 m³、1.15×10^6 m³ 和 1.49×10^6 m³。总效应均值绝对值大小排序为葡萄＞蔬菜作物＞瓜类作物＞棉花＞春小麦＞玉米＞苹果＞胡麻＞油菜＞薯类作物，其中春小麦、玉米、蔬菜作物、瓜类作物、葡萄呈上升趋势，其余作物则不存在趋势性。

◆ 本章小结

本章主要先介绍了 LMDI 分解模型的概念及具体算法，在分析了 1991—2013 年河西地区分流域尺度农业经济发展变化、农业人口变化、万元 GDP 需水量（总耗水量和总灰水需求量）、作物种植结构变化、产业结构变化等相关分解要素时序特征的基础上分别对分流域、分作物类型的作物耗水量和灰水需求量变化进行了分解分析，结果表明：

（1）作物总耗水量和总灰水需求量变化分解效应的流域间差异。农业经济发展效应是各流域作物总耗水量和总灰水需求量变化的主要增量效应，也是影响方向较稳定的影响因素，且在各流域均呈现上升趋势，总耗水量和总灰水需求量变化的农业经济发展效应贡献率累计均值排序均为黑河流域＞石羊河流域＞疏勒河流域；人口规模效应对两种需水量的影响方向均不稳定，是贡献率绝对值最小的因素，其中河西地区、疏勒河流域累计为促进效应，其余流域累计为抑制效应；耗水强度效应和灰水强度效应是贡献率最大的抑制效应，其中石羊河流域两种水资源强度效应阶段性变化差异较大，总耗水和总灰水强度效应贡献率累计均值绝对值排序分别为：石羊河流域＞黑河流域＞疏勒河流域和黑河流域＞石羊河流域＞疏勒河流域；种植结构调整效应对两种需水量均表现为减量效应，仅次于水资源强度效应，总耗水量和总灰水需求量种植结构调整效应贡献率累计均值绝对值排序均为石羊河流域＞疏勒河流域＞黑河流域；产业结构效应对两种需水量的影响方向均不稳定，其中疏勒河流域两种需水量产业结构累计效应均为抑制效应，其他流域累计效应表现为促进效应，总耗水量和总灰水需求量产业结构效应贡献率累计均值绝对值排序分别为石羊河流域＞疏勒河流域＞黑河流域和石羊河流域＞黑河流域＞疏勒河流域。

（2）耗水量变化的分解效应作物间差异。石羊河流域 10 种主要作物耗水量最主要的增量效应均为农业经济发展效应，且影响方向稳定，其中玉米、薯类作物、棉花、蔬菜作物、葡萄农业经济发展效应均呈上升趋势，其余作物均不存在趋势性；人口规模效应多数年份均表现为促进效应，除春小麦外，其他作物人口规模效应累计均为抑制效应，且人口规模效应均呈下降趋势；主要作物产业结构累计效应均为促进效应，其中胡麻存在下降趋势，其余作物不存在趋势性；种植结构调整效应不同作物间差异较大，其中葡萄种植结构调整基本稳定为促进作用，其余作物种植结构调整效应影响方向不稳定，且胡麻、葡萄种植结构调整效应存在上升趋势，油菜呈下降趋势，除春小麦、胡麻、油菜外，其余作物种植结构累计效应均为促进效应；主要作物耗水强度效应均为作物耗水量变化最主要的减量效应，且效应方向较稳定，其中春小麦、胡麻、葡萄的耗水强度效应呈上升趋势，玉米呈下降趋势。

黑河流域10种主要作物耗水量的农业经济发展效应均为最主要的促进效应，其中薯类作物、蔬菜作物及葡萄均表现为上升趋势，其余作物均不存在趋势性；主要作物耗水强度效应多数年份均表现为减量效应，其中棉花、胡麻、油菜、蔬菜作物耗水强度效应正负波动较大，抑制作用不稳定，但累计效应均为减量效应，且春小麦、油菜表现出上升趋势，葡萄、蔬菜作物呈下降趋势；主要作物种植结构调整效应虽都存在正负波动性和阶段性变化特征，但除葡萄外，其余作物多数年份均为抑制效应，其中春小麦和棉花种植结构调整效应存在下降趋势，葡萄则存在上升趋势，薯类作物、蔬菜作物以及葡萄累计种植结构调整效应均为促进效应，其余作物表现为抑制效应；人口规模效应和产业结构效应时间序列影响方向不稳定，其中主要作物人口规模累计效应均为抑制效应，且均不存在趋势性，除棉花外，其余作物产业结构累计效应均为促进效应，也均不存在趋势性。

疏勒河流域10种主要作物耗水量增加主要的促进效应均为农业经济发展效应，且影响方向稳定，其中葡萄存在明显的上升趋势，其余作物不存在趋势性；水资源强度效应是主要作物最主要的抑制效应，且影响方向相对稳定，其中春小麦、玉米表现出上升趋势，瓜类作物则呈下降趋势；春小麦、玉米、薯类作物、胡麻、瓜类作物种植结构调整效应多数年份为抑制效应，其中，蔬菜作物主要表现为促进效应，棉花、油菜、苹果、葡萄种植结构调整效应影响方向不稳定，且薯类作物、棉花种植结构调整效应存在下降趋势，瓜类作物、葡萄表现为上升趋势；作物耗水量人口规模效应和产业结构效应影响方向存在波动，但多数年份表现为促进效应，且10种作物的人口规模效应累计均值及产业结构效应累计均值均显示为增量效应，也均不存在趋势性。

（3）灰水需求量变化的分解效应作物间差异。石羊河流域春小麦、薯类作物、油菜、瓜类作物、苹果灰水变化人口规模效应在研究期内均呈下降趋势，其余作物不存在趋势性，其中薯类作物、棉花、葡萄人口规模效应累计为减量效应；玉米、薯类作物、棉花、胡麻、蔬菜作物、葡萄农业经济发展效应均呈上升趋势，其余作物不存在趋势性；产业结构效应波动均较大，趋势性均不明显，但累计效应均表现为增量效应；主要作物种植结构调整效应影响方向存在波动，其中春小麦和油菜在多数年份表现为抑制效应，春小麦累计效应均值的绝对值最大，蔬菜作物次之，胡麻最小，胡麻、葡萄种植结构调整效应呈上升趋势，油料作物呈下降趋势，其中春小麦、油菜累计效应为增量效应；棉花灰水强度效应均呈下降趋势，胡麻、蔬菜作物、苹果、葡萄呈上升趋势，其中苹果累计效应绝对值最大，依次是春小麦、玉米、蔬菜作物、棉花、薯类作物、葡萄、瓜类作物、油菜、胡麻；春小麦、油菜累计总效应均为抑制效应，其中玉米、蔬菜作物、瓜类作物、葡萄总效应逐年基本稳定为促进效应，且春小麦、油菜、苹果灰水总效应呈现明显的下降趋势，玉米、胡麻、葡萄均呈上升趋势。

　　黑河流域人口规模效应累计均值均表现为抑制效应，人口规模效应波动性较大，均不存在趋势性，且 10 种作物人口规模效应波动性呈增强趋势，阶段性显著，累计效应均为减量效应，其中玉米累计均值绝对值最大，其次是蔬菜作物，胡麻最小；玉米、薯类作物、棉花、蔬菜作物、葡萄农业经济发展效应呈上升趋势，其余作物不存在趋势性；春小麦、玉米、胡麻、油菜、瓜类作物种植结构调整效应累计为抑制效应，其中累计抑制效应最大的是春小麦，其次是油菜，最小的是瓜类作物，且除葡萄种植结构调整效应存在上升趋势外，其余作物均不存在趋势性；主要作物灰水强度效应均主要表现为抑制效应，但波动较大，其中春小麦灰水强度效应呈现上升趋势，蔬菜作物、葡萄表现为下降趋势，灰水强度效应累计抑制作用最大的为苹果，其次依次为春小麦、玉米、蔬菜作物、油菜、葡萄、棉花、薯类作物、瓜类作物和胡麻；产业结构效应是影响方向最不稳定的效应，其中除棉花外，其余作物累计均值均为正，且均不存在趋势性；主要作物灰水总效应时间序列特征差异较大，其中春小麦、胡麻、油菜、苹果总效应多数年份为负值，春小麦、胡麻、油菜总效应累计表现为抑制效应，且棉花和苹果呈下降趋势，小麦、玉米、薯类作物总效应呈上升趋势。

　　疏勒河流域春小麦、玉米、胡麻、苹果人口规模效应的时间序列变化相似，其余作物人口规模效应变化曲线相似，且主要作物人口规模效应均呈上升趋势，累计效应均为增量效应；薯类作物、棉花、蔬菜作物、瓜类作物和葡萄农业经济发展效应表现为上升趋势，剩余作物不存在趋势性；不同作物种植结构调整效应时间序列正负波动均较大，种植结构调整累计效应均值绝对值由大到小排列为葡萄、春小麦、玉米、瓜类作物、蔬菜作物、棉花、苹果、胡麻、油菜、薯类作物，其中薯类作物、棉花种植结构调整效应呈下降趋势，瓜类作物、葡萄呈上升趋势；主要作物灰水强度累计效应均值均为负值，其中瓜类作物、葡萄灰水强度效应呈下降趋势，小麦、玉米表现出上升趋势；主要作物产业结构效应时间序列多数年份均为促进效应，且累计效应均值均为正，其中薯类作物、蔬菜作物、瓜类作物、葡萄产业结构调整效应均呈上升趋势，其余作物不存在趋势性；主要作物总效应影响方向波动均较大，其中春小麦、玉米、胡麻、苹果总效应多数年份显示为抑制效应，且春小麦、玉米、蔬菜作物、瓜类作物、葡萄呈上升趋势，其余作物不存在趋势性。

第五章

基于水足迹的多目标种植结构优化

第一节 作物水足迹细分计算与分析

根据第三章关于水足迹的具体计算方法，分别计算了 1991—2013 年石羊河流域、黑河流域、疏勒河流域主要作物的单位绿水量、单位蓝水需求量、单位灰水需求量以及单位耗水量，并求出历年平均值。

1991—2013 年河西地区分流域主要作物春小麦、玉米、薯类作物、棉花、油料作物（胡麻、油菜）、蔬菜作物、水果（苹果、葡萄）的各类需水均值如表 5-1、表 5-2、表 5-3 所示，不同区域的同种作物虚拟水含量也有明显的差异，究其原因主要是各个流域作物单产和作物生长期内潜在蒸散量不同所造成的。疏勒河流域由于作物生长期内有效降水量相比其他两个流域明显较少，

表 5-1 1991—2013 年石羊河流域主要作物各类需水均值

作物	生长期内 有效降水量 （mm）	作物潜 在蒸散量 （mm）	单位绿水量 （m³/kg）	单位蓝水 需求量 （m³/kg）	单位灰水 需求量 （m³/kg）	绿水 占比	单位水 足迹 （m³/kg）	单位 耗水量 （m³/kg）
春小麦	114.37	474.01	0.228	0.719	0.137	0.24	1.084	0.719
玉米	188.16	572.07	0.233	0.474	0.132	0.33	0.839	0.475
薯类	188.16	459.99	0.409	0.601	0.123	0.40	1.133	0.601
棉花	199.65	341.36	1.592	1.126	1.039	0.59	3.757	1.126
油料	151.27	576.8	0.746	1.050	0.320	0.26	2.096	1.050
蔬菜	50.99	613.70	0.011	0.086	0.027	0.11	0.124	0.086
苹果	188.16	374.38	0.767	0.747	0.876	0.51	2.39	0.747
葡萄	190.17	532.35	0.404	0.742	0.633	0.35	1.779	0.742

主要作物单位绿水含量较小，蓝水消耗量则较大；石羊河流域作物生长期内有效降水量相对较多，是疏勒河流域的 5 倍多，所以作物绿水消耗量最高，蓝水消耗量较低，这种需水结构有助于节约灌溉用水；黑河流域蓝水需求量仅次于石羊河流域。不同流域因气候、经济等条件的差异，作物间虚拟水含量差异明显，疏勒河流域主要作物（春小麦除外）潜在蒸散量均最大，石羊河流域 8 类作物潜在蒸散量均最小。区际不同作物蓝水消耗量比较，疏勒河流域春小麦由于生长特性，虽然生长期内有效降水量最小，但潜在蒸散量小于黑河流域，所以综合作用下，春小麦单位蓝水消耗量在黑河流域最大，石羊河流域最小。葡萄的亩产因在疏勒河流域高达 907.04 kg，虽然生长期内有效降水量最小，但单位蓝水需求量仍低于黑河流域、高于石羊河流域。石羊河流域玉米、薯类作物、棉花、油料作物、蔬菜作物、苹果的单位蓝水消耗量均最小，黑河流域次之，疏勒河流域最大。

表 5 - 2　1991—2013 年黑河流域主要作物各类需水均值

作物	生长期内有效降水量（mm）	作物潜在蒸散量（mm）	单位绿水量（m³/kg）	单位蓝水需求量（m³/kg）	单位灰水需求量（m³/kg）	绿水占比	单位水足迹（m³/kg）	单位耗水量（m³/kg）
春小麦	72.94	629.77	0.114	0.874	0.130	0.12	1.118	0.874
玉米	98.17	616.96	0.103	0.547	0.138	0.16	0.788	0.547
薯类	98.17	499.00	0.139	0.569	0.097	0.19	0.805	0.569
棉花	102.77	361.02	0.584	1.478	0.915	0.28	2.977	1.478
油料	85.55	633.95	0.400	1.210	0.310	0.25	1.910	1.210
蔬菜	25.65	475.31	0.005	0.091	0.030	0.05	0.126	0.091
苹果	98.17	409.48	0.266	0.868	0.764	0.23	1.898	0.868
葡萄	91.77	565.48	0.219	1.176	0.823	0.16	2.218	1.176

　　单位灰水需求量和单位作物水足迹时间序列均值区际对比结果显示：由于流域间同种作物单产和施肥量的区别，单位作物灰水需求量也有很大的差异，石羊河流域春小麦、薯类作物、棉花、苹果单位灰水需求量最大，蔬菜作物单位灰水需求量最小，玉米、薯类作物、苹果单位水足迹最大，蔬菜作物最小；黑河流域玉米、油料作物、葡萄单位灰水需求量最大，棉花相对最小，春小麦、葡萄单位水足迹最大，薯类作物、棉花、油料作物、苹果最小；疏勒河流域油料、蔬菜作物单位灰水需求量最大，春小麦、玉米、薯类作物、苹果、葡

萄最小，棉花、油料作物、蔬菜作物单位水足迹最大，春小麦、玉米、葡萄单位水足迹最小。

表 5 - 3　1991—2013 年疏勒河流域主要作物各类需水均值

作物	生长期内有效降水量 (mm)	作物潜在蒸散量 (mm)	单位绿水量 (m³/kg)	单位蓝水需求量 (m³/kg)	单位灰水需求量 (m³/kg)	绿水占比	单位水足迹 (m³/kg)	单位耗水量 (m³/kg)
春小麦	33.99	596.53	0.053	0.872	0.114	0.06	1.039	0.806
玉米	44.76	728.97	0.041	0.627	0.106	0.06	0.774	0.580
薯类	44.76	585.16	0.062	0.733	0.079	0.08	0.874	0.678
棉花	46.51	436.96	0.315	2.629	0.962	0.11	3.906	2.429
油料	39.37	731.55	0.310	2.310	0.410	0.12	3.010	2.079
蔬菜	10.23	549.59	0.003	0.145	0.034	0.02	0.182	0.134
苹果	44.76	475.92	0.135	1.331	0.736	0.09	2.202	1.230
葡萄	42.88	679.67	0.058	0.868	0.410	0.06	1.336	0.802

作物单位耗水量时间序列均值区际对比结果表明：石羊河流域春小麦、玉米、棉花、蔬菜作物、苹果、葡萄单位耗水量最小；黑河流域春小麦、葡萄单位耗水量最大，油料、薯类作物最小；疏勒河流域玉米、薯类作物、棉花、油料作物、蔬菜作物、苹果单位耗水量最大。

第二节　河西地区水资源优化模型

一、目标函数

1. 经济目标　合理利用水资源，最主要的是通过调整农业种植结构最大发挥水资源的效用，使单位水资源的经济效益最大化，所以这里首先选取了农业净效益作为目标。

$$\max f(1) = \sum_{i=1}^{b} \sum_{j=1}^{c} (X_{ij} Y_{ij} P_j - X_{ij} D_{ij} - \mu_i P_j) \quad (5-1)$$

式中，$f(1)$ 为农业净效益；X_{ij} 为 i 单元范围内 j 种作物的种植面积；Y_{ij} 为 i 单元范围内 j 种作物的单产，kg/hm²；P_j 为 j 种作物的单价，元/kg；D_{ij} 为 i 单元范围内 j 种作物的生产成本（包含劳动力成本和物质成本），元/

hm²；μ_i 为区域 i 作物贸易量，kg；i 和 j 分别为区域单元和作物种类，本书区域单元分别为石羊河流域、黑河流域和疏勒河流域，作物种类分别为春小麦、玉米、薯类作物、棉花、油料作物、蔬菜作物、苹果、葡萄 8 类作物。

2. 生态目标　农药化肥的投入使用必然会对生态环境造成一定的影响，这里用作物灰水需求量来衡量，为了更真实地反映不同区域水资源状况，将水资源压力指数作为权重引入方程。

$$\min f(2) = \sum_{i}^{b} \sum_{j}^{c} \lambda_i X_{ij} Y_{ij} GW_{ij} \qquad (5-2)$$

式中，f（2）为生态目标，用灰水需求量作为衡量标准；X_{ij} 为 i 单元范围内 j 种作物的种植面积，hm²；Y_{ij} 为 i 单元范围内 j 种作物的单产，kg/hm²；GW_{ij} 为区域 i 作物 j 的灰水需求量，m³/kg；λ_i 为不同区域 i 的水资源压力指数。

3. 绿水占比目标　作物结构调整要充分考虑水资源的消耗量，以水资源需求量最小为目标，从虚拟水的视角要求尽量少消耗蓝水，更多地利用绿水，鼓励种植绿水占比较大的作物。

$$\max f(3) = \frac{\displaystyle\sum_{i}^{b} \sum_{j}^{c} X_{ij} Y_{ij} VWG_{ij}}{\displaystyle\sum_{i}^{b} \sum_{j}^{c} X_{ij} Y_{ij} VWL_{ij}} \qquad (5-3)$$

式中，f（3）为绿水占比目标；X_{ij} 为 i 单元范围内 j 种作物的种植面积；Y_{ij} 为 i 单元范围内 j 种作物的单产，kg/hm²；VWG_{ij} 为区域 i 中作物 j 的绿水需求量，m³/kg；VWL_{ij} 为单位虚拟水量，m³/kg。

4. 区域用水公平目标　区域间进行农业水资源协调，还要兼顾区域公平，以使人均水资源占有量差异最小，减少区域间的用水矛盾。

$$\min f(4) = \sqrt{\frac{\displaystyle\sum_{i=1}^{b} \left(\frac{W_i/P_i - W/P}{W/P}\right)^2}{b-1}} \qquad (5-4)$$

$$W_i = \sum_{j}^{c} X_{ij} Y_{ij} VWL_{ij} \qquad (5-5)$$

式中，W 和 W_i 分别为河西地区主要作物总虚拟水消费量和分流域 i 的主要作物总虚拟水含量，m³；X_{ij} 为 i 单元范围内 j 种作物的种植面积，hm²；Y_{ij} 为 i 单元范围内 j 种作物的单产，kg/hm²；VWL_{ij} 为单位虚拟水量，m³/kg；f（4）为人均农业水资源占用的标准差；P 和 P_i 分别为河西总人口数量和不同流域 i 的人口数量，人；b 为区域单元的数量。

二、约束条件

1. 种植面积约束 从保护生态环境、维持生态平衡的角度出发，不宜再开垦土地，增加现有耕地面积，故不同区域 i 的 j 种作物种植面积均应小于或者等于现状作物种植面积，即应满足如下条件：

$$\sum_{j=1}^{c} X_{1j} \leqslant A_1 \qquad (5-6)$$

$$\sum_{j=1}^{c} X_{2j} \leqslant A_2 \qquad (5-7)$$

$$\sum_{j=1}^{c} X_{3j} \leqslant A_3 \qquad (5-8)$$

式中，X_{1j}、X_{2j} 和 X_{3j} 分别为 3 个不同区域 j 种作物的种植面积，hm^2；A_1、A_2、A_3 分别为 3 个区域 j 种作物各自现状种植总面积，hm^2。

2. 河西地区可用水资源量约束

$$\sum_{i=1}^{b} \left(WS_i + WI_i + WD_i + \sum_{j=1}^{c} VWB_{ij} X_{ij} Y_{ij} \right) \leqslant W_{总} \qquad (5-9)$$

式中，WI_i、WD_i、WS_i 分别为区域 i 的工业用水量、第三产业用水量、生活用水量，m^3；VWB_{ij} 为区域 i 中作物 j 的蓝水需求量，m^3/kg；$W_{总}$ 为整个研究区可用水资源总量（河西内陆河流域），$10^8\ m^3$。

3. 最低需求约束

$$X_{ij} Y_{ij} + \mu_{ij} \geqslant S_i R_j \qquad (5-10)$$

式中，S_i 为区域 i 的总人口数量，人；R_j 为 j 种作物的人均最低需求量，$kg/$人；μ_{ij} 为自由变量；其余同上。

4. 变量非负约束

$$X_{ij} \geqslant 0 \qquad (5-11)$$

三、模型求解

1. 目标函数标准化

$$g_k(X) = f_k(X) - f_k^0/(f_k^* - f_k^0) \qquad (5-12)$$

这里采用 min‐max 标准化法对目标函数值进行无量纲处理。式中，$g_k(X)$ 为标准化处理后的目标函数；k 为目标函数的个数；$f_k(X)$ 为原目标函数，即标准化处理前的目标函数；f_k^* 为目标函数的最劣值；f_k^0 为目标函数的最优值。

2. 引入辅助函数 $G(X)$，将多目标问题转化为单目标函数求解：

$$G(X) = \sum_{k}^{k} W_k g_k(X) \qquad (5-13)$$

式中，$G(X)$ 为构造的辅助方程；W_k 为各个目标函数 k 的权重。

3. 函数优先顺序即权重系数的计算方法　层次分析法可以将定性的问题定量化，是一种通过实证分析的方式进行决策的技术和方法（桂黄宝，2014），可以更系统地评估各因素重要性，为发展局势或环境的判断提供更可信的依据，这里采用此方法进行权重计算。

层次分析法的主要步骤为：首先根据指标构建层次分析模型；用 Saaty 提出的 1～9 标度法，如表 5-4 所示，并邀请相关专家，对指标进行两两比较，构建不同层次的比较矩阵；计算各指标的层次单排序和总体权重值。

表 5-4　1～9 重要性尺度界定

等级	1	2	3	4	5	6	7	8	9
P_{ij}（i 与 j 相比）	相同		略重要		重要		很重要		极其重要

注：元素 j 与元素 i 的重要性相比，$P_{ji} = \dfrac{1}{P_{ij}}$。

（1）层次单排序和一致性检验。通过计算判断矩阵的最大特征值和特征向量来确定本层次中与上层次有关联的各因子重要性的权重。对于判断矩阵 $\boldsymbol{P}$，如果有向量 $\boldsymbol{a}$ 满足：$\boldsymbol{Pa} = \lambda_{max}\boldsymbol{a}$，$\lambda_{max}$ 为矩阵 $\boldsymbol{P}$ 的最大特征值，$\boldsymbol{a}$ 为最大特征值所对应的归一化特征向量，那么此特征向量 $\boldsymbol{a}$ 的各个分量就是本层次所有因子相对于上一层次重要性的单排序权重值 W_n。为了保证矩阵无逻辑错误，需要借助 λ_{max} 对各判断矩阵进行一致性检验。一致性判断指标记为 CR：$CR = \dfrac{CI}{RI}$，$CI = (\lambda_{max} - n)/(n-1)$，$RI$ 通过查表 5-5 可得。若 CR 小于等于 0.1，则认为该判断矩阵具有一致性，此时各判断矩阵的向量为权向量。

表 5-5　平均随机一致性指标

阶数	1	2	3	4	5	6	7	8	9	10
RI	0.00	0.00	0.58	0.90	1.12	1.24	1.32	1.41	1.45	1.49

（2）层次总排序和总体一致性检验。利用同一层次单排序的结果计算相对于目标层的各指标总权重。指标总权重值计算方法为：设位于指标层的某元素 C_m，与上层次（准则层）所有相关指标的重要性权重为 $c_m^1 \sim c_m^n$，准则层所有

指标相对于上层次（目标层）的重要性权重为 $b_1 \sim b_n$，则元素 C_m 相对于目标层的总权重值为 $\sum_{i=1}^{n} b_i c_m^i$（表 5-6），依照此方法对指标层进行总排序。

表 5-6 层次总排序计算方法

指标层	目标层				指标层总权重
	b_1	b_2	...	b_n	
C_1	c_1^1	c_1^2	...	c_1^n	$\sum_{i=1}^{n} b_i c_1^i$
C_2	c_2^1	c_2^2	...	c_2^n	$\sum_{i=1}^{n} b_i c_2^i$
⋮	⋮	⋮		⋮	⋮
C_m	c_m^1	c_m^2	...	c_m^n	$\sum_{i=1}^{n} b_i c_m^i$

四、模型求解方法

本书采用多目标求解过程，一般先通过数学计算将多目标函数转化为单目标求解，通过构造新的辅助函数，给定每个分目标一定的权重，再运用技术方法求出函数的最优解。这里的目标函数为非线性且相对比较复杂，需要探讨非线性限制条件下目标优化问题的求解方法。目前对于优化问题基本都是基于迭代理论进行的，其基本思路为：首先针对问题设置一个初始点 x_0，从此点出发按照某种特定的迭代准则生成一个点系列 $\{X_n\}$。当系列点集是有限序列时，那么最后的点就是最终的最优解。如果系列点集 $\{X_n\}$ 是无限序列，但是它有极限值，则其最优解在极限点处取得。一个算法是否能够收敛一般受初始点 x_0 的影响，如果仅当初始点无限接近最优解 X^* 时，算法结果才收敛，那么此算法得出的结果仅为局部收敛。只有当初始点 x_0 无论取任何值，算法都能使问题收敛于某一点 X^*，此种算法才为全局收敛。一个算法是否能够很好地解决问题，一个重要的判断指标还在于它收敛于目标值的速度。

对非线性目标优化问题（NLP）求解的各种算法都有特定的适用情境和优缺点，很难像线性优化那样有基本统一的算法，目前基于此种问题的技术算法总体可分为两类。一种是类属运筹学理论范畴的数学规划思想，主要的运算方法有梯度法、牛顿法、最速下降法、变尺度法以及共轨方向法等。对于有约束条件的 NLP 求最优解，比较普遍的算法有复合形法、拉格朗日乘子法、序列二次规划法（SQP）、可行方向法等。但经典算法存在明显的局限性，如利用 FMINCON 函数求解，虽然可以求得有约束条件非线性问题的解，但函数对目标方程、控制变量都有严格的要求，目标问题必须是连续的，可导可微，可行域也要求是凸序列，且最终值受初始值的干扰较大，很容易陷入局部最优的困境，需要进一步研究新的算法。另一种较为先进的算法是源于对生物、社会等"优胜劣汰"思想的观察、模仿而逐渐形成的进化算法，主要有模拟退火算法（SA）、混沌优化算法（CAO）、遗传算法（GA）、微粒群（POS）等。遗传算法相比规划法较好地克服了对问题和限制条件的苛刻要求，适合求解较为复杂的工程、物理等优化问题，算法也相对简单，程序更易于实现，并具有较强的全域搜索能力。

综上所述，本书采用的多目标优化模型包含线性、二次型、开方等多种形式，按照确定的权重转化为单目标之后的目标函数更为复杂，求导烦琐，因此选择对函数和可行域要求高的数学规划法不易求出全局最优解，综合考虑算法的适应性、精度要求、收敛速率和普适应等方面的需求，最终选择遗传算法进行问题求解。

遗传算法的理论核心是生物学中的进化论，具体为物竞天择、优胜劣汰的遗传机制，它是一种随机搜索模式，同时也是信息科学领域人工智能方向中针对一系列复杂优化问题求解的一种有效的搜索启发式计算方法（王小平等，2002）。最早是 J. Holland 教授于 1975 年提出来的，它不像基于数学规划思想的算法，需要对函数求导同时对函数是否连续有严格的限制，可以直接对问题对象进行操作。这种算法主要就是用来在复杂的环境中生成最优的目标方案，解决优化问题。

遗传算法的核心计算方向和思路是首先随机生成初始值，在算法中为"种群"，以此为基点开始随机搜索，"种群"中的每一个元素就是问题的一个可行解，称为"染色体"。在遗传算法中，各个染色体的"适应值"决定了染色体的好坏，如果染色体的"适应值"较大，那么被选中的概率较高；反之概率较低，只有被选中的染色体才可流入下一代。顺利进入下一代的染色体经过遗传处理如交差、变异等，培育出新的下一代染色体，如此进行循环往复，算法最终会在最好的染色体中收敛，那么最后的这个染色体就是优化问题的最优解或者疑似最优解。遗传算法在解决求导复杂、函数不连续等相对复杂的问题时存在明显的优势。因为算法的随机性，受初值的影响较小，具有较优的全域搜索能力，它的搜寻方向不需要特定的规则限制，能够根据目标自动优化调整搜寻方向和搜索空间，搜索速度非常快；但缺点是程序编码相对复杂，同时因为初始值的随机性可能会出现结果的偏差，陷入局部最优的僵局。

遗传算法的具体运算过程为（图 5-1）：

第一，进行初始化设置。对进化代数计数器进行设置，初始值 $n=0$，代

数的最大值设为 P，由此随机产生 L 个单体组成初始群体 $M（n）$。

第二，进行个体评价。确定群体 $M（n）$ 中每个单体的适应度。

第三，开始选择运算。运用选择算子对群体进行筛选，优化的已经通过选择的个体可以直接遗传进入下一代，也可以进行配对交叉后生成新的单体然后再通过遗传进入下一代。选择算子的基础是对群体中的各个单体进行适应度评价，然后进行个体选择。

第四，交叉计算。用交叉算子对群体进行运算处理，且交叉算子是遗传算法的基础，起核心作用。

第五，变异运算。用变异算子对群体进行运算处理。具体操作就是对每个个体的一些基因座上的基因值进行改动。

在经过了选择、交叉、变异算子后，接着就生成了新的下代群体 $M（n+1）$。

最后，确定运行的终止条件。如果 $n＝P$，那么就选取计算过程中适应度最大的个体为目标的最优解进行输出，并最终完成运算。

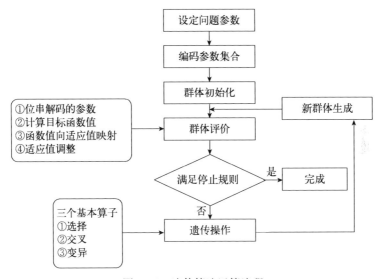

图 5-1　遗传算法运算流程

第三节　河西地区多目标水资源优化配置模型实证分析

一、目标函数求解条件

1. 基础数据　河西分流域水资源优化配置问题求解所需的数据主要有石羊河、黑河、疏勒河流域春小麦、玉米、薯类、棉花、油料、蔬菜、苹果、葡萄 8 种主要作物类别的种植面积、亩产、农产品单价、生产成本、收益、流域农业可用水资源量。主要数据均以 2012 年为目标年份，但各流域不同作物的虚拟蓝水、虚拟绿水和灰水需求量则采用 1991—2013 年的时间序列均值，结果见表 5-7、表 5-8、表 5-9，并在此基础上计算不同流域主要作物的水资源需求量。不同作物的生产成本、收益、价格等数据来源于 2013 年《全国农产品成本收益资料汇编》甘肃省部分，并结合已有关于河西农产品价格的研究成果（粟晓玲等，2009；李建芳等，2013；Su et al.，2014）进行调整补充；河西分行业水资源消耗数据来源于《甘肃水资源公报》。

表 5-7　分流域 2012 年主要作物亩产（kg）

地区	春小麦	玉米	薯类	棉花	油料	蔬菜	苹果	葡萄
石羊河	389.02	688.91	324.65	158.68	167.59	3342.62	684.47	369.69
黑河	417.96	536.21	530.95	130.15	220.04	3775.12	743.71	375.30
疏勒河	385.80	667.56	815.89	101.05	118.48	2214.46	417.16	907.04

数据来源：《甘肃农村年鉴 2013》。

表 5-8　2012 年河西地区分流域现状作物种植面积（万亩）

作物	石羊河流域	黑河流域	疏勒河流域	河西
春小麦	65.5	83.1	11.4	160
玉米	118	145	4.28	267
薯类	46.3	45.2	0.22	91.7
棉花	27.7	15.1	33.1	75.8
油料	26.8	38.3	1.49	66.6
蔬菜	78.1	65.3	22.3	166
苹果	12.1	11.6	0.59	24.2
葡萄	11.7	8.11	12	31.7
合计	386.2	411.7	85.38	883

数据来源：《甘肃农村年鉴 2013》。

表 5-9　2012 年河西地区可用水资源量（亿 m³）

项目	降水总量	地表水资源量	地下水资源量	水资源总量	农业用水	工业用水	生活用水	生态需水
河西内陆河流域	354.9	62.36	50.88	67.43	62.54	4.51	1.59	1.81

数据来源：《甘肃水资源公报 2013》。

2. 农产品需求底线 依据《中国居民膳食指南（修订版）》中基于营养学的合理膳食的最低食物量需求以及河西地区的实际情况，设定人均每年的粮食最低需求量为 400 kg，其中包括春小麦的需求量为 200 kg，玉米为 100 kg，薯类作物为 50 kg；食用植物油需求量按每人每天 20 g 计算，油料作物的出油率取 0.4；蔬菜人均最低需求量为 800 g/d；水果人均需求量为 200 g/d，苹果和葡萄的人均最低需求量按河西地区主产水果种类比例确定，苹果和葡萄的人均需求量均定为 8.11 g/d；棉花的需求底线为 20810 t/年。

3. 确定各目标函数的重要性权重 根据层次分析法，首先对多目标模型中的农业经济目标、绿水占比目标、农业生态目标和区域用水公平目标进行专家打分，这里主要咨询了 10 位相关专家，据此得出如下判断矩阵：

$$A = \begin{bmatrix} 1 & 2 & 4 & 5 \\ 1/2 & 1 & 3 & 4 \\ 1/4 & 1/3 & 1 & 2 \\ 1/5 & 1/4 & 1/2 & 1 \end{bmatrix}$$

由判断矩阵求出特征值和特征向量最终得出河西地区分流域水资源优化配置问题各目标函数的重要性权重，农业经济目标、水资源消耗目标、农业生态目标、区域用水公平目标的权重系数分别为 0.49、0.31、0.12、0.08。

二、虚拟水流与虚拟水贸易

1. 虚拟水流 不同区域间的虚拟水流是通过将区际贸易实物量与不同农产品所包含的虚拟水量相乘所得到的，具体计算公式如下：

$$VWF_i = \mu_i \times VWL_i \qquad (5-14)$$

式中，VWF_i 为区域通过商品贸易进口某区域的产品 i 所产生的相应虚拟水流，m³/年；μ_i 为从出口区域通过贸易手段进口的商品实物量，kg/年；VWL_i 为商品 i 的虚拟水含量，m³/kg。

2. 虚拟水贸易 虚拟水贸易是一种看不见的贸易，只要有贸易进行就会有虚拟水的流动，随之而来的就是虚拟水贸易的产生，它的历史可以堪比粮食贸易。而且随着区域间贸易的频繁往来，虚拟水贸易量也会稳定增加。

虚拟水贸易理论包含了农业经济学理论和农业科学知识，它的提出给缓解国家和区域水资源危机提供了新的视角和思路（Hoekstra et al.，2007）。虚拟水贸易实质就是水资源匮乏地区为了缓解本区水资源压力，从水资源相对富足地区购买水资源密集型产品，用以保障食品安全和区域水资源安全。

如果一个国家或地区出口了水资源需求量大的产品，其实质就是以产品贸易的形式输出了水资源。一些地区就可以通过向水资源相对短缺的区域出口水资源密集型产品的方式来缓解其用水压力。对水资源匮乏的国家或者地区而言，不在本国（区域）生产水资源需求量大的产品而以进口的方式来满足需求，可以节约水资源量，而出口国则可充分发挥比较优势获得经济利益。直接进行实体水贸易会产生巨额的运输成本，经济效益不高，而以虚拟水贸易的形式从水资源富足区进口水资源密集型产品却是经济可行的。目前虚拟水贸易被认为是一种解决水资源危机的有效手段，它也被视为一种后备水资源或者备选水资源，是保障水资源安全的新武器，另外虚拟水贸易可以减少区域争端，甚至可以阻止因水资源抢夺而发生地区冲突，因此区域或者国家之间的虚拟水贸易是对水资源在更大尺度上的一种重新分配，是一种提高水资源利用效率来保障水匮乏地区用水安全的重要工具。

三、粮食作物虚拟水贸易情景模拟

粮食作物单位需水量大经济效益低，所以对于水资源压力较大的地区，通过粮食的虚拟水贸易可以有效缓解本区的用水困境，种植经济效益高水资源需求小的经济作物，但过多的进口粮食会危及本区的粮食安全，过度依赖进口也会带来需求恐慌，所以粮食自己率应控制在50%以上，低于50%的情景不予考虑。

河西地区内陆河流域水资源短缺问题较为突出，目前河西地区粮食作物春小麦和玉米自给率分别为66.89%、334.26%，石羊河流域粮食作物春小麦、玉米的自给率分别为54.95%和349.56%，黑河流域春小麦、玉米自给率分别为84.44%、377.05%，疏勒河流域春小麦、玉米自给率分别为48.29%、62.68%。本书将整个河西地区看作一个整体大区域，其粮食自给率需在安全范围内，但区域内部石羊河、黑河、疏勒河3个流域之间可以进行虚拟水贸易，水资源压力较大的地区可以通过进口来满足食物需求。

鉴于河西地区大力发展玉米制种产业，制种玉米的种植面积较大，对玉米自己率的限制适当放宽，不考虑100%以下的情况，在此基础上根据实际情况设置了两种情景：春小麦、玉米自给率分别为60%、150%，春小麦、玉米自给率分别为60%、100%。

四、优化后目标值对比分析

在进行多目标优化计算过程中，需要对数据进行标准化处理，因为经济目标和生态目标为线性函数，形式较为简单，所以可以通过数学规划法求出其最大及最小值，从而对目标函数值进行归一化处理。绿水占比目标和区域用水公平目标值本身就在 [0，1] 范围内，所以不再进行归一化处理。

在春小麦和玉米自给率分别为 60% 和 150% 的情景中（情景 1），通过 2012 年河西地区作物种植结构优化后目标值和现状目标值的对比发现（表 5 - 10），优化后河西整体农业经济效益目标值为 0.882，较现状目标值增加 0.495 个单位，是增加幅度最大的目标，表明优化后农业经济效益有了很大的提高；主要作物绿水占比目标值由现状 0.158 增加为优化后的 0.181，增加了 0.023 个单位，表明蓝水资源的需求总量有所减少；农业生态目标值比现状值降低了 0.012 个单位，表明总灰水需求量减少，但变化幅度并不大；优化后的区域用水公平目标值降低了 0.026 个单位。总体上，经过多目标优化后，河西地区整体农业经济目标、绿水占比目标、农业生态目标、区域用水公平目标均有所提高，但生态效益目标的改善最不显著。

表 5 - 10　河西地区标准化目标值对比

指标	经济目标	绿水占比目标	生态目标	公平目标
现状值	0.387	0.158	0.311	0.281
情景 1	0.882	0.181	0.299	0.255
情景 2	0.805	0.291	0.325	0.331

相比情景 1，在春小麦和玉米自给率分别为 60% 和 100% 的情景中（情景 2），经济效益目标值减少 0.077 个单位，绿水占比目标值、生态目标值、区域用水公平目标值分别增加 0.110、0.026、0.076 个单位，表明进一步压缩粮食作物种植面积后，除绿水占比目标有所改善外，其余目标均未得到进一步的改善，但整体单位蓝水使用效率有所提高，即农业灌溉用水的单位经济效益随着经济作物种植面积的增加逐渐提高。

综上所述，在虚拟水贸易的前提下，通过进口粮食作物，增加经济作物种植面积的方式可以同时兼顾经济、生态、资源和社会各方的利益，实现综合效益最大化，但压缩粮食种植面积增加经济作物种植面积的生态效应改善效果不明显。同时，过度压缩粮食种植面积，就需要过多进口粮食作物以满足食物需求，增加了成本所以农业净利润并没有进一步提高，且加剧了不同流域间的用水公平矛盾。综上所述，增加经济作物的面积，需缓慢进行，不能一蹴而就，因为相比粮食作物，经济作物产出的影响因素更为复杂，更离不开科学的管理方式，所以进行作物结构调整的关键是农业技术创新。

五、作物结构优化及水资源合理配置结果分析

1. 情景 1　春小麦和玉米自给率分别为 60% 和 150%。

河西地区流域尺度种植结构调整结果显示（图 5-2）：为了满足粮食安全的需要，粮食作物春小麦种植面积在石羊河流域有所增加，但黑河、疏勒河流域最优种植面积均有所减少，玉米最优种植面积在 3 个流域均大幅减少；河西地区整体粮食作物最优面积显著下降，尤其是玉米种植面积下降显著，石羊河流域、黑河流域、疏勒河流域的玉米自给率分别由 349.56%、377.05%、62.68%下降为 137%、191% 和 0；河西地区薯类作物的种植面积有所提高，区域内部石羊河流域和黑河流域薯类作物的种植面积均有增加，疏勒河流域种植面积优化后降为 0。除疏勒河流域外，其他流域内经济作物棉花、油料作物优化种植面均显示为增加，河西地区整体经济作物种植面积较之有所提高。蔬菜作物种植面积在 3 个流域内均显著增加，是 8 类主要作物中增长比例最大的。水果类作物种植面积中，因葡萄耗水量较大，从水资源和生态目标出发整体种植面积有所减少，苹果优化种植面积有所提高。同时，对比 3 个流域，从4 个优化目标出发，疏勒河流域不适宜种植粮食作物，较适宜种植蔬菜和水果类作物。河西地区整体粮食作物和经济作物种植比由 1.426：1 降为 0.761：1，区域内部石羊河流域、黑河流域、疏勒河流域粮经比分别从 1.469、

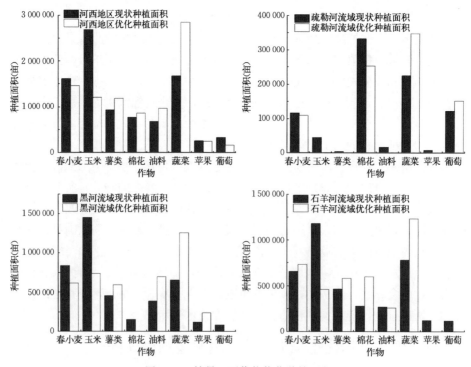

图 5-2 情景 1 下作物优化种植面积

1.978、0.229 缩小为 0.849、0.887、0.143，优化后的经济作物种植面积增加
迅速。整个河西地区以及疏勒河流域、黑河流域、石羊河流域粮经比面积优化
后分别调整为 0.608 及 0.122、0.712、0.660，经济作物的种植面积进一步
增加。

2. 情景 2 春小麦和玉米自给率分别为 60% 和 100%。

进一步缩小河西地区玉米种植面积的结果（图 5-3），在满足粮食需求安
全的基础上，河西地区各流域春小麦优化种植面积均有不同程度的下降，玉米
优化面积下降最为显著。石羊河流域、黑河流域、疏勒河流域粮食作物春小麦
的自给率分别从 55%、84%、48% 降低为 51%、61% 和 39%，玉米作物优化
后自给率分别变为 96%、130%、0。薯类作物的优化种植面积除疏勒河流域
外均有所增加。疏勒河流域和黑河流域经济作物棉的优化种植面积均明显减
少，石羊河流域以及整个河西地区棉花种植面积有所增加。油料作物的优化种
植面积变化各流域差异较大，疏勒河流域的油料面积变为 0，黑河流域显著增
加，石羊河流域优化面积相比现状种植面积变化不大，河西地区整体有所增
加。蔬菜作物因为较高的亩产及相对较小的单位需水量，各流域优化种植面积

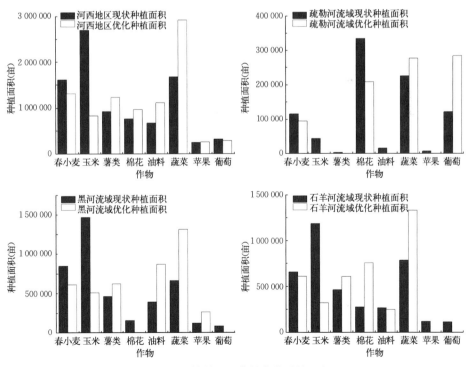

图 5-3 情景 2 下作物优化种植面积

均显著增加，是面积增加最大的作物种类。水果的优化种植面积各流域差异较大，其中疏勒河流域最适宜种植葡萄，单产也为 3 个流域最高，2012 年亩产高达 907.04 kg。为了使河西整体目标最优，其他两个流域的葡萄优化面积均为 0，但整体葡萄优化种植面积变化不大。苹果的优化面积在整个河西地区显著增加，疏勒河流域因为降水稀少，潜在蒸散量较大，因而苹果的单位需水量相对较大，但经济效益又次于葡萄，所以为了合理利用水资源，优化后苹果的种植面积变为 0，其他两个流域种植面积均有不同程度的增加。

六、两种情景优化结果下的粮食贸易和虚拟水流分析

1. 情景 1 河西地区春小麦自给率 60%，玉米自给率 150%。

河西地区分流域多目标优化的春小麦虚拟水流分析结果显示（表 5-11），河西地区在春小麦自给率 60%、玉米自给率 150% 的前提下，各流域均为春小麦进口区域，其中石羊河流域的虚拟水进口量最大（$1.95 \times 10^8 \text{ m}^3$），疏勒河流域最小（$0.517 \times 10^8 \text{ m}^3$），区域差异较大。疏勒河流域因为总人口数量相对较少，同时种植面积也较少，因此春小麦总蓝水消耗量和进口量均为 3 个流域最少的。因为河西地区春小麦的自给率为设定的 60%，其余需要从区外调入，总节约虚拟水量 $4.23 \times 10^8 \text{ m}^3$。

表 5-11　优化后春小麦的贸易量和虚拟水流

地区	蓝水消耗量（亿 m³）	流域内春小麦生产量（万 t）	进口春小麦量（万 t）	优化后人均春小麦需求量（kg/人）	现状人均粮食占有量（kg/人）	虚拟水贸易下人均春小麦需求量（kg/人）	春小麦虚拟水贸易量（亿 m³）
石羊河	2.05	28.5	17.9	101.85	109.90	200	1.95
黑河	2.23	25.6	15.7	121.71	168.88	200	1.76
疏勒河	0.36	4.14	4.9	78.53	96.57	200	0.52
河西地区	4.64	58.2	38.6	108.13	133.79	200	4.23

注：进口春小麦量和虚拟水贸易量中"－"表示出口，"＋"表示进口。

河西地区分流域多目标优化的玉米虚拟水流分析结果如表 5-12 所示，在玉米自给率 150% 的前提下，除疏勒河流域外，其他流域均为玉米出口区域。石羊河流域和黑河流域因玉米贸易分别输出虚拟水 $0.71 \times 10^8 \text{ m}^3$ 和 $1.47 \times 10^8 \text{ m}^3$。疏勒河流域因有效降水量少，不适宜种植经济效益低的粮食作物，玉米的进口率为 100%，输入虚拟水 $0.35 \times 10^8 \text{ m}^3$。

表 5 - 12　优化后玉米的贸易量和虚拟水流

地区	蓝水消耗量（亿 m³）	流域内玉米生产量（万 t）	进口玉米量（万 t）	现状人均玉米占有量（kg/人）	优化后人均玉米占有量（kg/人）	虚拟水贸易下人均玉米需求量（kg/人）	玉米虚拟水贸易量（亿 m³）
石羊河	1.50	31.7	−8.49	349.56	95.61	100	−0.71
黑河	2.15	39.3	−18.7	377.05	130.07	100	−1.47
疏勒河	0	0	4.56	62.68	0	100	0.35
河西地区	3.65	71	−20.5	334.26	101.3	100	−1.83

注：进口玉米量和虚拟水贸易量中"−"表示出口，"＋"表示进口。

　　粮食作物总贸易量和虚拟水流如表 5 - 13 所示，除黑河流域外，其他区域均为粮食进口区域，粮食进口量疏勒河流域最大，粮食贸易所带来的虚拟水进口量达 1.23×10^8 m³，河西整体粮食进口量为 15.99×10^5 t，总体因粮食贸易为河西地区节约 1.82×10^8 m³ 虚拟水。黑河流域是唯一一个粮食出口区域，粮食出口量为 3×10^4 t，相应的虚拟水出口量为 0.28×10^8 m³。

表 5 - 13　优化后粮食作物总贸易量和虚拟水流

地区	蓝水消耗量（亿 m³）	流域内粮食生产量（万 t）	进口粮食量（万 t）	现状人均粮食占有量（kg/人）	优化后人均粮食占有量（kg/人）	虚拟水贸易下人均粮食需求量（kg/人）	粮食虚拟水贸易量（亿 m³）
石羊河	3.55	60.1	9.46	459.45	197.47	300	1.23
黑河	4.39	64.9	−3.00	545.93	251.79	300	−0.28
疏勒河	0.36	4.14	9.53	159.26	78.53	300	0.87
河西地区	8.29	139.1	15.99	468.05	209.43	300	2.38

注：进口粮食量和虚拟水贸易量中"−"表示出口，"＋"表示进口。

　　河西地区经济作物贸易量和总虚拟水流的优化结果如表 5 - 14 所示，因为不同区域不同作物间虚拟水含量的差异，一个区域可能会进口某种作物而出口另一种作物，而实体贸易量与所产生的虚拟水贸易量不完全一致。例如，石羊河流域和疏勒河流域均为粮食进口区域，但却均是虚拟水出口区域，总虚拟水出口量分别为 5.86×10^8 m³ 和 1.69×10^8 m³。三个流域均不是作物纯出口区域或者纯进口区域，黑河流域虽为粮食出口区，但同时也进口棉花和葡萄，石羊河流域在进口粮食作物、苹果的同时也出口薯类作物、棉花、油料作物、蔬菜作物，疏勒河流域在进口粮食作物的同时，也出口棉花、油料作物和苹果，总体上河西地区三个流域均为虚拟水出口区。综上所述，出口区域主要为绿水比率相对较高的区域，石羊河流域既是粮食出口区又是经济作物主要的出口区域之一，该流域因为有效降水量相比其他两个流域高，具有水资源的相对优势，而疏勒河流域则因较少的有效降水，主要出口经济效应较高的水果和蔬菜作物，进口耗水量大经济效益相对较低的粮食和油料作物。

表 5-14　优化后河西地区经济作物贸易量和虚拟水流

地区	薯类 (kg)	棉花 (kg)	油料 (kg)	蔬菜 (kg)	苹果 (kg)	葡萄 (kg)	区域总虚拟水 贸易量（m³）
石羊河	-8.19×10^7	-27.8×10^7	-1.66×10^6	-34.39×10^8	18.8×10^6	3.35×10^7	-5.86×10^8
黑河	-17×10^7	6.20×10^7	-220×10^6	-5.21×10^8	-298×10^6	3.71×10^7	-10.8×10^8
疏勒河	1.99×10^7	-1.76×10^7	25×10^6	-1.15×10^8	8.14×10^6	-17.6×10^7	-1.69×10^8

注：农业贸易量和虚拟水流中"－"表示出口，"＋"表示进口。

2. 情景 2　河西地区春小麦自给率 60%，玉米自给率 100%。

通过进一步调整粮食作物和经济作物的种植面积，河西地区玉米自给率从情景 1 中的 150% 减小为 100%，具体优化结果如表 5-15 所示。三个流域内春小麦的优化面积和贸易量相比情景 1 变化不大，优化后石羊河流域、黑河流域和疏勒河流域春小麦的自给率分别为 50.93%、60.86%、39.27%。河西地区以及三个流域均为春小麦进口区，其中石羊河流域的春小麦进口量最大，疏勒河流域最小，河西地区因春小麦区际贸易总节约水资源量 4.86 亿 m³。

表 5-15　优化后春小麦的贸易量和虚拟水流

地区	蓝水消耗量 （亿 m³）	流域内春 小麦生产 量（万 t）	进口春小 麦量 （万 t）	优化后人均春 小麦占有量 （kg/人）	虚拟水贸易下的 人均春小麦占 有量（kg/人）	小麦虚拟水 贸易量 （亿 m³）
石羊河	1.70	23.6	22.8	101.86	200	2.47
黑河	2.20	25.1	16.2	121.72	200	1.81
疏勒河	0.312	3.58	5.54	78.54	200	0.58
河西地区	4.212	52.3	44.5	120	200	4.86

注：进口春小麦量和虚拟水贸易量中"－"表示出口，"＋"表示进口。

经过优化调整（表 5-16），石羊河流域和疏勒河流域是玉米的进口区域；疏勒河流域因为较少的有效降水不适宜种植粮食作物，玉米的进口率为 100%，节约水资源量 3.53×10^7 m³；黑河流域为玉米出口区域，且出口量大，达 5.58 万 t。

表 5-16　优化后玉米的贸易量和虚拟水流

地区	蓝水消耗量（亿 m³）	流域内玉米生产量（万 t）	进口玉米量（万 t）	优化后人均玉米占有量（kg/人）	虚拟水贸易下的人均玉米需求量（kg/人）	玉米作物虚拟水贸易量（m³）
石羊河	1.05	22.2	1.02	95.61	100	$0.86×10^7$
黑河	1.47	26.8	−5.58	130.07	100	$−4.89×10^7$
疏勒河	0	0	4.56	0.00	100	$4.03×10^7$
河西地区	2.52	49.0	0	100	100	0

注：进口玉米量和虚拟水贸易量中"−"表示出口，"+"表示进口。

优化后粮食作物总贸易量和虚拟水流如表 5-17 所示，河西地区以及各流域均为粮食进口区，优化后疏勒河流域虽然人均粮食占有量仅为 78.54 kg/人，但因为该流域人口总量也较小所以并不是粮食进口量最大的区域，而石羊河流域因人口基数较大成为粮食进口量最大的流域，黑河流域是粮食进口量最小区。因为不同区域不同作物虚拟水量的差异，即使同种作物在不同流域其虚拟水量也有明显的差异，所以作物贸易量和虚拟水贸易量并不完全一致，疏勒河流域因为粮食作物整体虚拟水含量（春小麦 1.084 m³/kg、玉米 0.774 m³/kg）相比石羊河流域（春小麦 1.039 m³/kg、玉米 0.839 m³/kg）和疏勒河流域（春小麦 1.118 m³/kg、玉米 0.788 m³/kg）较小，所以虽然疏勒河流域粮食贸易量小于黑河流域，但相应的虚拟水贸易量却高于黑河流域。河西地区因粮食贸易而产生的总体虚拟水流为 $4.8×10^8$ m³，其中石羊河流域最大，黑河流域次之，疏勒河流域最小。

表 5-17　优化后粮食作物总贸易量和虚拟水流

地区	蓝水消耗量（亿 m³）	流域内粮食生产量（万 t）	进口粮食量（万 t）	人均粮食占有量（kg/人）	虚拟水贸易下的人均粮食需求量（kg/人）	粮食虚拟水贸易量（亿 m³）
石羊河	2.75	45.8	23.8	197	300	2.55
黑河	3.66	52.0	9.95	252	300	1.32
疏勒河	0.31	3.58	10.1	78.54	300	0.93
河西地区	6.72	101.4	43.9	220	300	4.8

注：进口粮食量和虚拟水贸易量中"−"表示出口，"+"表示进口。

河西地区虽然是粮食作物的进口区，但综合其他作物的贸易量，该区域为作物出口区域（表 5-18）。其中，石羊河流域进口粮食作物、油料作物、苹果和葡萄，出口薯类作物、棉花、蔬菜作物，黑河流域进口粮食作物、棉花、葡萄，出口薯类作物、油料作物、蔬菜作物与苹果，疏勒河流域在进口粮食作物、薯类作物、油料作物和苹果的同时出口棉花、蔬菜作物、葡萄；疏勒河流域因为气候条件适宜葡萄的生长，葡萄亩产（907.04 kg）是各流域最高的，优化后是河西地区主要的葡萄出口区，其他区域均为葡萄的进口区；黑河流域是棉花的主要进口区，是薯类作物、油料作物、蔬菜作物的主要出口区域；石羊河流域是棉花和苹果主要的出口区域；综合三个流域，通过农作物的贸易，各流域均为虚拟水出口区，其中黑河流域虚拟水流量最大，疏勒河最小，河西地区整体虚拟水流为 19.66×10^8 m³。

表 5-18　优化后河西地区经济作物贸易量和虚拟水流

地区	薯类 (kg)	棉花 (kg)	油料 (kg)	蔬菜 (kg)	苹果 (kg)	葡萄 (kg)	区域虚拟水贸易量 （m³）
石羊河	-8.03×10^7	-9850×10^4	4.97×10^5	-37.39×10^8	18.8×10^6	1.88×10^7	-5.90×10^8
黑河	-22.20×10^7	2080×10^4	-1510×10^5	-42.90×10^8	-173×10^6	1.67×10^7	-11.0×10^8
疏勒河	2.28×10^7	-2.16×10^4	83.20×10^5	-4.73×10^8	3.70×10^6	-25.10×10^7	-2.76×10^8
河西地区	-27.95×10^7	-7772.16×10^4	-1421.23×10^5	-85.02×10^8	-150.50×10^6	-21.55×10^7	-19.66×10^8

注：农业贸易量和虚拟水流中"－"表示出口，"＋"表示进口。

◆ **本章小结**

在水足迹细分的基础上，以经济效益最大化、绿水占比最大化、灰水需求量最小化、流域用水差异最小化为分目标，建立多目标优化模型，并以粮食作物不同的进口率设置了两种情景，对流域尺度的主要作物种植结构进行优化配置，并从虚拟水贸易的研究视角，对各流域间的虚拟水贸易流进行了分析，结果表明：

（1）1991—2013 年不同流域同种作物不同需水类型时间序列均值对比结果显示：石羊河流域的春小麦、薯类作物、棉花、苹果单位灰水需求量均最大，蔬菜作物单位灰水需求量最小；玉米、薯类作物、苹果单位水足迹均最大，蔬菜作物最小；春小麦、玉米、棉花、蔬菜作物、苹果、葡萄单位耗水量均最小。黑河流域的玉米、油料作物、葡萄单位灰水量均最大，棉花最小；春小麦、葡萄单位水足迹均最大，薯类作物、棉花、油料作物、苹果均最小；春小麦、葡萄单位耗水量均最大；疏勒河流域的油料作物、蔬菜作物单位灰水需求量均最大，春小麦、玉米、薯类作物、苹果、葡萄均最小；棉花、油料、蔬菜作物单位水足迹均最大，春小麦、玉米、葡萄单位水足迹均最小；玉米、薯类作物、棉花、油料作物、蔬菜作物、苹果单位耗水量均最大。

（2）在虚拟水贸易的前提下进行多目标优化可以有效地提高水资源的区域综合效益，最大限度实现资源、生态、经济、社会的协调，通过压缩粮食作物种植面积，以虚拟水贸易的方式来满足粮食需求，在两种情景下河西地区分别节约水资源 $2.38 \times 10^8 \ m^3$、$4.8 \times 10^8 \ m^3$，虚拟水策略是科学解决区域水资源短缺、提高水资源使用效率的有效途径。

（3）通过进口粮食作物，增加经济作物种植面积的方式可以提高水资源的效益，但因为经济作物，尤其是水果类作物的灰水需求量相对较大，所以过度增加此类作物种植面积的生态效益并不理想，有待改进；流域间的粮食贸易需要政府站在整个大区域的视角合理平衡农业经济效益与区域粮食安全之间的关系。

（4）在保持现有总种植面积的前提下进行作物结构调整时，河西地区应该在继续压缩粮食作物种植面积的同时，提高蔬菜、油料、薯类作物及棉花的种植面积，尤其是大幅度增加蔬菜作物的种植面积；优化后流域间作物类型差异增大，区际贸易将更加频繁，其中石羊河流域应该增加春小麦、薯类作物、棉花和蔬菜作物的种植面积而减少水果类作物（苹果和葡萄）面积，黑河流域应该大幅增加蔬菜作物面积及适当增加薯类、油料作物和苹果面积，疏勒河流域应增加蔬菜作物和葡萄种植面积而减少玉米、薯类作物、油料作物、苹果种植面积。

参考文献
REFERENCES

蔡甲冰，蔡林根，刘钰，等，2002. 在有限供水条件下的农作物种植结构优化：簸箕李引黄灌区农作物需、配水初探 [J]. 节水灌溉，12 (1)：20-22.

蔡甲冰，刘钰，雷廷武，等，2005. 根据天气预报估算参照腾发量 [J]. 农业工程学报，21 (11)：11-15.

蔡甲冰，刘钰，许迪，等，2008. 基于通径分析原理的冬小麦缺水诊断指标敏感性分析 [J]. 水利学报，39 (1)：83-90.

曹红霞，粟晓玲，康绍忠，王振昌，2008. 关中地区气候变化对主要作物需水量影响的研究 [J]. 灌溉排水学报，27 (4)：6-9.

曹连海，吴普特，赵西宁，等，2014. 内蒙古河套灌区粮食生产灰水足迹评价 [J]. 农业工程学报，30 (1)：63-72.

朝伦巴根，贾德彬，高瑞忠，等，2006. 人工草地牧草优化种植结构和地下水资源可持续利用 [J]. 农业工程学报，22 (2)：68-72.

车建明，刘洪禄，2002. 北京市农业节水与作物种植结构调整 [J]. 中国农村水利水电，14 (11)：15-17.

陈彩苹，丁永建，刘时银，2007. 塔里木河上游阿克苏地区水资源与绿洲农业种植结构调整优化研究：以拜城县为例 [J]. 干旱区资源与环境，21 (5)：29-34.

陈军武，吴锦奎，2010. 气候变化对黑河流域典型作物灌溉需水量的影响 [J]. 灌溉排水学报，29 (3)：69-73.

陈守煜，马建琴，张振伟，2003. 作物种植结构多目标模糊优化模型与方法 [J]. 大连理工大学学报，43 (1)：12-15.

丛振涛，辛儒，姚本智，雷志栋，2010. 基于 HadCM3 模式的气候变化下北京地区冬春小麦耗水研究 [J]. 水利学报，41 (9)：1101-1107.

丛振涛，姚本智，倪广恒，2011. SRA1B 情景下中国主要作物需水预测 [J]. 水科学进展，22 (1)：38-43.

邓晓军，谢世友，崔天顺，等，2009. 南疆棉花消费水足迹及其对生态环境影响研究 [J]. 水土保持研究，16 (2)：176-180.

邓振镛，王鹤龄，李国昌，等，2008. 气候变暖对河西走廊棉花生产影响的成因与对策研究 [J]. 地球科学进展，23 (2)：160-166.

邓振镛，张强，韩永翔，等，2006. 甘肃省农业种植结构影响因素及调整原则探讨 [J]. 干旱地区农业研究，24 (3)：126-129.

邓振镛，张强，刘德祥，等，2007. 气候变暖对甘肃种植业结构和农作物生长的影响 [J].

中国沙漠，27 (4)：627-632.

杜虎林，高前兆，李福兴，等，1997. 河西走廊水资源供需平衡及其对农业发展的承载潜力 [J]. 自然资源学报，12 (3)：225-232.

杜军，杨培岭，李云开，等，2011. 不同灌期对农田氮素迁移及面源污染产生的影响 [J]. 农业工程学报，27 (1)：66-74.

方文松，刘荣花，朱自玺，等，2009. 黄淮平原冬春小麦灌溉需水量的影响因素与不同年型特征 [J]. 生态学杂志，28 (11)：2177-2182.

傅春，欧阳莹，陈炜，2011. 环鄱阳湖区水足迹的动态变化评价 [J]. 长江流域资源与环境，20 (12)：1520-1524.

傅建伟，杨彦明，曹建国，2010. 内蒙古典型农田化肥氮素淋溶流失现状研究 [J]. 中国农技推广，26 (10)：44-47.

盖力强，谢高地，李士美，等，2010. 华北平原春小麦、玉米作物生产水足迹的研究 [J]. 资源科学，32 (11)：2066-2071.

高虹，王彦军，李振琪，2003. 参与式灌溉管理的内涵及发展 [J]. 中国农村水利水电 (8)：27-29.

高惠璇，2005. 应用多元统计分析 [M]. 北京：北京大学出版社：265-276.

高明杰，罗其友，2008. 水资源约束地区种植结构优化研究：以华北地区为例 [J]. 自然资源学报，23 (2)：204-210.

宫飞，2003. 华北地区结构型节水种植业模式及途径研究：以北京市顺义区为例 [D]. 北京：中国农业大学.

谷奉天，王玉江，2008. 黄河三角洲多元化种植结构研究 [J]. 安徽农业科学，36 (20)：8536-8538.

桂黄宝，2014. 基于 Fuzzy-AHP-SWOT 的高技术企业竞争战略创新分析 [J]. 科技管理研究，13 (1)：142-146.

郭云义，陈义，刘敏英，等，2004. 以色列农业种植结构的调整经验分析 [J]. 内蒙古林业科技 (3)：47-49.

韩蓓，2009. HP 滤波法及其在地区潜在经济增长率测算中的应用 [J]. 经济师 (1)：28-29.

韩晓增，王守宇，宋春雨，等，2003. 黑土区水田化肥氮去向的研究 [J]. 应用生态学报，14 (11)：1859-1862.

何浩，黄晶，淮贺举，等，2010. 湖南省水稻水足迹计算及其变化特征分析 [J]. 中国农学通报，26 (14)：294-298.

胡玮，严昌荣，李迎春，等，2014. 气候变化对华北冬春小麦生育期和灌溉需水量的影响 [J]. 生态学报，34 (9)：2367-2377.

黄季，1998. 迈向 21 世纪的中国粮食经济 [M]. 北京：中国农业出版社.

康绍忠，2009. 西北旱区流域尺度水资源转化规律及其节水调控模式：以甘肃石羊河流域为例 [M]. 北京：中国水利水电出版社.

赖先齐，刘建国，李鲁华，等，2001. 发展绿洲多熟种植是新疆农业结构调整的切入点

[J]. 耕作与栽培 (6)：5-6.

蓝永超，胡兴林，肖生春，等，2012. 近50年疏勒河流域山区的气候变化及其对出山径流的影响 [J]. 高原气象，31 (6)：1636-1644.

蓝永超，丁永建，沈永平，等，2003. 河西内陆河流域出山径流对气候转型的响应 [J]. 冰川冻土，25 (2)：188-192.

雷宏军，乔姗姗，潘红卫，等，2016. 贵州省农业净灌溉需水量与灌溉需求指数时空分布 [J]. 农业工程学报，32 (12)：115-121.

李德仁，王树良，李德毅，2006. 空间数据挖掘理论与应用 [M]. 北京：科学出版社.

李里特，1999. 节水农业是我国农业发展的必由之路：以色列节水农业发展的启示 [J]. 农业工程学报，15 (3)：11-15.

李建芳，粟晓玲，2013. 基于虚拟水细分的多目标种植结构优化模型 [J]. 灌溉排水学报，32 (5)：126-129.

李淑芬，纪易凡，2003. 化肥施用与环境效应研究进展 [J]. 金陵科技学院学报，19 (2)：59-63.

李耀辉，孙国武，张强，等，2006. 中亚与我国西北地区环境蠕变问题的分析 [J]. 中国环境科学，26 (5)：609-613.

李英能，段爱旺，吴景社，等，2001. 作物与水资源利用 [M]. 重庆：重庆出版社.

李占玲，2009. 黑河上游山区流域径流模拟与模型不确定性分析 [D]. 北京：北京师范大学：14-29.

梁立乔，李丽娟，张丽，等，2008. 松嫩平原西部生长季参考作物蒸散发的敏感性分析 [J]. 农业工程学报，24 (5)：1-5.

刘明春，薛生梁，2003. 河西走廊东部沿沙漠地区作物种植结构调整方案 [J]. 南京气象学院学报，26 (1)：124-129.

刘勤，严昌荣，梅旭荣，等，2012. 西北旱区参考作物蒸散量空间格局演变特征分析 [J]. 中国农业气象，33 (1)：49-51.

刘晓英，林而达，2004. 气候变化对华北地区主要作物需水量的影响 [J]. 水利学报 (2)：77-87.

刘勇，郭晓寅，陈发虎，1998. 甘肃河西地区资源与环境基础信息系统的初步研究 [J]. 兰州大学学报：自然科学版，12 (3)：125-131.

刘玉春，姜红安，李存东，等，2013. 河北省棉花灌溉需水量与灌溉需求指数分析 [J]. 农业工程学报，29 (19)：98-104.

刘忠，黄峰，李保国，2015. 基于两步剔除趋势法的中国粮食单产波动特征分析 [J]. 资源科学，37 (6)：1279-1286.

龙爱华，徐中民，王浩，等，2006. 水权交易对黑河干流种植业的经济影响及优化模拟 [J]. 水利学报，37 (11)：1329-1335.

龙爱华，徐中民，张志强，2003. 西北四省（区）2000年的水资源足迹 [J]. 冰川冻土，25 (6)：692-700.

吕晓东，王鹤龄，马忠明，2010. 河西地区近 50 年参考作物蒸散量的演变趋势及其影响因素 [J]. 生态环境学报，19 (7)：1550 - 1555.

马静，汪党献，来海亮，等，2005. 中国区域水足迹的估算 [J]. 资源科学，27 (5)：96 - 100.

毛春红，周治国，2008. 基于水资源影响下的种植制度结构调整研究：以江苏省为例 [J]. 安徽农业科学，36 (6)：2436 - 2438.

莫兴国，林忠辉，刘苏峡，2000. 基于 Penman - Monteith 公式的双源模型的改进 [J]. 水利学报 (5)：6 - 11.

潘文俊，曹文志，王飞飞，等，2012. 基于水足迹理论的九龙江流域水资源评价 [J]. 资源科学，34 (10)：1905 - 1912.

彭建，吴健生，蒋依依，等，2006. 生态足迹分析应用于区域可持续发展生态评估的缺陷 [J]. 生态学报，26 (8)：2716 - 2722.

秦建成，高明，2003. 河西灌区三元种植结构研究：以张掖市为例 [J]. 农业系统科学与综合研究，19 (4)：315 - 318.

秦丽杰，靳英华，段佩利，2012a. 不同播种时间对吉林省西部玉米绿水足迹的影响 [J]. 生态学报，32 (23)：7375 - 7382.

秦丽杰，靳英华，段佩利，2012b. 吉林省西部玉米生产水足迹研究 [J]. 地理科学，32 (8)：1020 - 1025.

山仑，1999. 借鉴以色列节水经验发展我国节水农业 [J]. 水土保持研究，6 (1)：117 - 120.

沈振荣，苏人琼，1998. 中国农业水危机对策研究 [M]. 北京：中国农业科学技术出版社.

史培军，李晓兵，2000. 利用"3S"技术检测我国北方气候变化的植被响应 [J]. 第四纪研究，20 (3)：220 - 228.

宋妮，孙景生，王景雷，等，2011. 气候变化对长江流域旱稻灌溉需水量的影响 [J]. 灌溉排水学报，30 (1)：24 - 28.

粟晓玲，康绍忠，2009. 石羊河流域多目标水资源配置模型及其应用 [J]. 农业工程学报，25 (11)：128 - 132.

孙才志，刘玉玉，陈丽新，等，2010. 基于基尼系数和锡尔指数的中国水足迹强度时空差异变化格局 [J]. 生态学报，30 (5)：1312 - 1321.

孙世坤，蔡焕杰，王健，2010. 基 CROPWAT 模型的非充分灌溉研究 [J]. 干旱地区农业研究，28 (1)：28 - 30.

佟玲，2007. 西北干旱内陆区石羊河流域农业耗水对变化环境响应的研究 [D]. 杨凌：西北农林科技大学.

王桂芝，陆金帅，陈克垚，等，2014. 基 HP 滤波的气候产量分离方法探讨 [J]. 中国农业气象，35 (2)：195 - 199.

王加虎，郝振纯，姜彤，等，2003. 气温增加对长江流域参照蒸散发的影响研究 [J]. 湖泊科学，15：278 - 288.

王素萍，宋连春，韩永翔，2006. 河西走廊地区气候和绿洲生态研究的若干进展 [J]. 干旱气象，24 (2)：78 - 83.

王小平，曹立明，2002. 遗传算法：理论、应用与软件实现 [M]. 西安：西安交通大学出版社.

王晓玲，刘丽艳，2003. 节水灌溉工程管理模式的实践与探讨 [J]. 节水灌溉（6）：20-21.

王新华，徐中民，李应海，2005. 甘肃省 2003 年的水足迹评价 [J]. 自然资源学报，20（6）：909-915.

王新华，徐中民，龙爱华，2005. 中国 200 年水足迹的初步计算分析 [J]. 冰川冻土，27（5）：774-781.

魏怀东，李亚，丁峰，等，2014. 石羊河流域 1951—2005 年气候变化特征 [J]. 草业科学，31（4）：590-598.

吴景社，1999. 西北灌溉农业区农业高效用水创新组合方案 [J]. 干旱区资源与环境（1）：49-53.

吴胜军，李涛，薛怀平，等，2007. 湖北省农作物种植结构区划 [J]. 安徽农业科学，35（16）：4978-4979.

谢冰，蔡洋萍，2012. 基于 HP 滤波-生产函数方法的我国潜在产出估计 [J]. 湖南大学学报（社会科学版），26（2）：65-69.

徐建新，张运凤，刘发，等，2006. 单目标化局势决策在灌区种植结构调整中的应用 [J]. 节水灌溉（2）：5-7.

徐长春，黄晶，Ridoutt B G，等，2013. 基于生命周期评价的产品水足迹计算方法及案例分析 [J]. 自然资源学报，28（5）：873-880.

许拯民，2005. 河南省郏县水资源与农业种植结构调整优化规划研究 [J]. 水利发展研究，5（7）：44-46.

杨建强，罗先香，高振会，2003. GIS 支持下人类活动对地下水动态影响的定量分析 [J]. 水科学进展，14（3）：358-362.

张丛，何晋武，张倩，2008. 武威市凉州区农业种植结构调整的双目标优化 [J]. 中国农业资源与区划，29（4）：35-38.

张鹏，2014. 黑河上游水文特性分析研巧 [D]. 兰州：兰州大学：6.

张元禧，施鑫源，1998. 地下水水文学 [M]. 北京：中国水利水电出版社.

赵伟，王宏燕，陈雅君，等，2010. 农肥和化肥对黑土氮素淋溶的影响 [J]. 东北农业大学学报，41（11）：47-52.

周俊菊，雷莉，石培基，等，2015. 石羊河流域河川径流对气候与土地利用变化的响应 [J]. 生态学报，35（11）：1-13.

周宪龙，李玉义，陈阜，等，2005. 北京种植业用水结构变化及平衡研究 [J]. 农业现代化研究，26（4）：287-289.

朱慧明，韩玉启，吴正刚，2005. 多重线性回归模型的贝叶斯预报分析 [J]. 运筹与管理，14（3）：44-48.

Alcamo J，Thomas H T，Rösch，2000. World water in 2025: global modeling scenarios for the world commission on water for the 21st Century [J]. Kassel World Water，27（6）：922-939.

Allan J A, 2010. Virtual water: a strategic resource global solutions to regional deficits [J]. Ground Water, 36 (4): 545 – 546.

Ang B W, Lee S Y, 1994. Decomposition of industrial energy consumption: some methodological and application issues [J]. Energy Economics, 16 (2): 83 – 92.

Ang B W, Liu F L, 2001. A new energy decomposition method: perfect in decomposition and consistent in aggregation [J]. Energy, 26 (6): 537 – 548.

Bayart J B, Bulle C, Deschênes L, et al. , 2010. A framework for assessing off – stream freshwater use in LCA [J]. International Journal of Life Cycle Assessment, 15 (5): 439 – 453.

Berger M, Finkbeiner M, 2010. Water footprint: how to address water use in life cycle assessment [J]. Sustainability, 2: 919 – 944.

Brown A, Matlock M D, 2011. A review of water scarcity indices and methodologies [J]. The Sustainability Consortium, Technology, 44 (22): 8684 – 8691.

Brown L R, Halweil B, 1998. China's water shortage could shake world food security [J]. World Watch, 11 (4): 10 – 21.

Canals L M I, Chenoweth J, Chapagain A, et al. , 2009. Assessing freshwater use impacts in LCA: Part I – inventory modelling and characterisation factors for the main impact pathways [J]. International Journal of Life Cycle Assessment, 14 (1): 28 – 42.

Chapagain A K, Hoekstra A Y, Savenije H H G, et al. , 2007. The water footprint of cotton consumption: an assessment of the impact of worldwide consumption of cotton products on the water resources in the cotton producing countries [J]. Ecological Economics, 60 (1): 186 – 203.

Chapagain A K, Hoekstra A Y, 2011. The blue, green and grey water footprint of rice from production and consumption perspectives [J]. Ecological Economics, 70 (4): 749 – 758.

Chapagain A K, Hoekstra A Y, 2002. Virtual water trade: a quantification of virtual water flows between nations in relation to international crop trade [J]. J. Org. Chem. , 11 (7): 835 – 855.

Chapagain A K, Tickner D, 2012. Water footprint: help or hindrance [J]. Water Alternatives (5): 563 – 581.

Decker W L, 2010. Developments in agricultural meteorology as a guide to its potential for the twenty – first century [J]. Agric. For. Meteorol. , 169: 9 – 25.

Döll P, Siebert S, 2002. Global modeling of irrigation water requirements [J]. Water Resources Research, 38 (4): 8 – 10.

Fang S B, 2011. Exploration of method for discrimination between trend crop yield and climatic fluctuant yield [J]. J. Nat. Disasters, (6): 13 – 18.

Fingerman K R, Berndes G, Orr S, et al. , 2011. Impact assessment at the bioenergy - water nexus [J]. Biofuels Bioproducts & Biorefining, 5 (4): 375 – 386.

Gerbens – Leenes W, Hoekstra A Y, Meer T H V D, 2009. The water footprint of bioenergy [J]. Proceedings of the National Academy of Sciences of the United States of America, 106 (25): 10219 - 10223.

Gheewala S H, Silalertruksa T, Nilsalab P, et al. , 2014. Water footprint and impact of water consumption for food, feed, fuel crops production in Thailand [J]. Water, 6 (6): 1698 - 1718.

Gleick P H, 2000. A look at twenty - first century water resources development [J]. Water International, 25 (1): 127 - 138.

Gleick P H, 1998. Water in crisis: paths to sustainable water use [J]. Ecological Applications, 8 (3): 571 - 579.

Gong L B, Xu C Y, Chen D L, et al. , 2006. Sensitivity of the Penman - Monteith reference vapotranspiration to key climatic variables in the Changjiang Basin [J]. Journal of Hydrology, 329 (3 - 4): 620 - 629.

Guinee J B, 2003. Handbook on life cycle assessment operational guide to the ISO standards [J]. International Journal of Life Cycle Assessment, 7 (5): 311 - 313.

Guo J P, Zhao J F, Yuan B, et al. , 2013. Evaluation of agricultural climatic resource utilization during spring maize cultivation in Northeast China under climate change [J]. J. Meteorol. Res, 27 (5): 758 - 768.

Hanafiah M M, Xenopoulos M A, Pfister S, et al. , 2011. Characterization factors for water consumption and greenhouse gas emissions based on freshwater fish species extinction. [J]. Environmental Science & Technology, 45 (12): 5272 - 5278.

Hoekstra A Y, Chapagain A K, Aldaya M M, et al. , 2011. The water footprint assessment manual: setting the global standard [M]. Godalming: Routledge: 20 - 60.

Hoekstra A Y, Chapagain A K, 2017. Globalization of water: sharing the planet's freshwater resources [J]. Water Encyclopedia, 43 (2): 147.

Hoekstra A Y, Chapagain A K, 2007. Water footprints of nations: water use by people as a function of their consumption pattern [J]. Water Resources Management, 21 (1): 35 - 48.

Hoekstra A Y, Mekonnen M M, Chapagain A K, et al. , 2012. Global monthly water scarcity: blue water footprints versus blue water availability [J]. PLoS ONE, 7 (2): 2 - 6.

Hoekstra A Y, Mekonnen M M, 2011. The water footprint of humanity [J]. Proceedings of the National Academy of Sciences of the United States of America, 109 (9): 3232 - 3237.

Hoekstra A Y, 2009. Human appropriation of natural capital: a comparison of ecological footprint and water footprint analysis [J]. Ecological Economics, 68 (7): 1963 - 1974.

IPCC, 1995. Climate change 1994: radiative forcing of climate change and an evaluation of the IPCC IS92 emission scenarios [M]. Cambridge: Cambridge Univ. Press.

Joseph A, Petra D, Thomas H, et al. , 2003. Development and testing of the WaterGAP2 global model of water use and availability [J]. Hydrological Sciences Journal, 48 (3): 317 - 337.

Kloss S, Pushpalatha R, Kamoyo K J, et al. , 2012. Evaluation of crop models for simulating and optimizing deficit irrigation systems in arid and semi - arid countries under climate variability [J]. Water Resources Management, 26 (4): 997 - 1014.

Leenhardt D, Trouvat J L, Gonzalès G, et al., 2004. Estimating irrigation demand for water management on a regional scale: Ⅱ. validation of ADEAUMIS [J]. Agricultural Water Management, 68 (3): 207 - 232.

Lien G, Hardaker J B, Flaten O, 2007. Risk and economic sustainability of crop farming systems [J]. Agricultural Systems, 94 (2): 541 - 552.

Liu J, Savenije H H G, 2008. Food consumption patterns and their effect on water requirement in China [J]. Hydrol. Earth Syst. Sci., 12 (3): 887 - 898.

Liu J, Yang H, Savenije H H G, 2008. China's move to higher - meat diet hits water security [J]. Nature, 454 (7203): 397 - 397.

Liu X Q, Ang B W, Ong H L, 1992. Interfuel substitution and decomposition of changes in industrial energy consumption [J]. Energy, 17 (7): 689 - 696.

McMahon T A, Vogel R M, Peel M C, et al., 2007. Global streamflows - Part 1: characteristics of annual streamflows [J]. Journal of Hydrology, 347 (3): 243 - 259.

Mekonnen M M, Hoekstra A Y, 2010. A global and high - resolution assessment of the green, blue and grey water footprint of wheat [J]. Hydrol. Earth Syst. Sci, 14: 1259 - 1276.

Mekonnen M M, Hoekstra A Y, 2012. A global assessment of the water footprint of farm animal products [J]. Ecosystems, 15 (3): 401 - 415.

Mekonnen M M, Hoekstra A Y, 2011. The green, blue and grey water footprint of crops and derived crop products [J]. Hydrol. Earth Syst. Sci, 15: 1577 - 1600.

Mitchell T D, Jones P D, 2005. An improved method of constructing a database of monthly climate observations and associated high - resolution grids [J]. International Journal of Climatology, 25 (6): 693 - 712.

Nilsson C, Reidy C A, Dynesius M, et al., 2005. Fragmentation and flow regulation of the world's large river systems [J]. Science, 308 (5720): 405 - 408.

NIU X, XIE R, Xin L I U, et al., 2013. Maize yield gains in Northeast China in the last six decades [J]. Journal of Integrative Agriculture, 12 (4): 630 - 637.

OhIsson L, 2000. Water conflicts and social resource scarcity [J]. Physics and Chemistry of the Earth, Part B: Hydrology, Oceans and Atmosphere, 25 (3): 213 - 220.

Olien M E, Flore J A, 1990. Effect of a rapid water stress and a slow water stress on the growth of Redhaven'peach trees [J]. Fruit Varieties Journal, 44 (1): 4 - 11.

Peter H. Gleick, 1996. Basic water requirements for human activities: meeting basic needs [J]. Water International, 21 (2): 83 - 92.

Pfister S, Bayer P, Koehler A, et al., 2011. Environmental impacts of water use in global crop production: hotspots and trade - offs with land use [J]. Environmental Science & Technology, 45 (13): 5761 - 5768.

Pfister S, Bayer P, 2014. Monthly water stress: spatially and temporally explicit consumptive water footprint of global crop production [J]. Journal of Cleaner Production, 73: 52 – 62.

Pfister S, Koehler A, Hellweg S, 2009. Assessing the environmental impacts of freshwater consumption in LCA [J]. Environmental Science & Technology, 43 (11): 4098 – 4104.

Rees W E, 1992. Ecological footprints and appropriated carrying capacity: what urban economics leaves out [J]. Environment and urbanization, 4 (2): 121 – 130.

Rees W E, 1996. Revisiting carrying capacity: area – based indicators of sustainability [J]. Population & Environment, 17 (3): 195 – 215.

Ridoutt B G, Pfister S, 2013. A new water footprint calculation method integrating consumptive and degradative water use into a single stand – alone weighted indicator [J]. International Journal of Life Cycle Assessment, 18 (1): 204 – 207.

Ridoutt B G, Pfister S, 2010. A revised approach to water footprinting to make transparent the impacts of consumption and production on global freshwater scarcity [J]. Global Environmental Change, 20 (1): 113 – 120.

Ridoutt B G, Huang J, 2012. Environmental relevance: the key to understanding water footprints [J]. Proceedings of the National Academy of Sciences of the United States of America, 109 (22): E1424.

Ridoutt B G, Juliano P, Sanguansri P, et al., 2010. The water footprint of food waste: case study of fresh mango in Australia [J]. Journal of Cleaner Production, 18 (16 /17): 1714 – 1721.

Ridoutt B G, Pfister S, 2010. A revised approach to water footprinting to make transparent the impacts of consumption and production on global freshwater scarcity [J]. Global Environmental Change, 20 (1): 113 – 120.

Ridoutt B G, Sanguansri P, Freer M, et al., 2012. Water footprint of livestock: comparison of six geographically defined beef production systems [J]. The International Journal of Life Cycle Assessment, 179 (2): 165 – 175.

Ridoutt B G, 2009. Water footprint: a concept in need of future definition [J]. Water, 36 (8): 51 – 54.

Su X, Li J, Singh V P, 2014. Optimal allocation of agricultural water resources based on virtual water subdivision in Shiyang River Basin [J]. Water Resources Management, 28 (8): 2243 – 2257.

Sun S K, Wu P T, Wang Y B, et al., 2012. Impacts of climate change on water footprint of spring wheat production: the case of an irrigation district in China [J]. Span. J. Agric. Res., 10 (4): 1176 – 1187.

Tao F L, Hayashi Y, Zhang Z, et al., 2008. Global warming, rice production, and water use in China: developing a probabilistic assessment [J]. Agricultural & Forest Meteorology, 148 (1): 94 – 110.

Tong L, Kang S, Zhang L, 2007. Temporal and spatial variations of evapotranspiration for spring wheat in the Shiyang river basin in Northwest China [J]. Agricultural water management, 87 (3): 241 – 250.

Victoria F B, Filho J S V, Pereira L S, et al., 2005. Multi – scale modeling for water resources planning and management in rural basins [J]. Agricultural Water Management, 77 (1 – 3): 4 – 20.

Vörösmarty C J, Green P, Salisbury J, et al., 2000. Global water resources: vulnerability from climate change and population growth [J]. Science, 289 (5477): 284.

Wackernagel M, Rees W E, 1997. Perceptual and structural barriers to investing in natural capital: economics from an ecological footprint perspective [J]. Ecological Economics, 20 (1): 3 – 24.

Wichelns D, 2010. Virtual water and water footprints offer limited insight regarding important policy questions [J]. Int. J. Water Resour. Dev. (26): 639 – 651.

Zeitoun M, Allan J A, Mohieldeen Y, 2010. Virtual water 'flows' of the Nile Basin, 1998 – 2004: a first approximation and implications for water security [J]. Global Environmental Change, 20 (2): 229 – 242.

Zhao J, Guo J, Mu J, 2015. Exploring the relationships between climatic variables and climate – induced yield of spring maize in Northeast China [J]. Agriculture Ecosystems & Environment, 207: 79 – 90.

附　录
APPENDIX

附表1　1991—2013年石羊河流域分作物绿水蒸散量
ET_{green}和蓝水蒸散量ET_{blue}时间序列值（mm）

年份	春小麦		玉米		薯类作物		棉花		胡麻	
	ET_{green}	ET_{blue}	ET_{green}	ET_{blue}	ET_{green}	ET_{blue}	ET_{green}	ET_{blue}	ET_{green}	ET_{blue}
1991	93	352	108	483	108	361	121	239	84	461
1992	134	299	200	347	200	237	208	121	126	380
1993	145	296	216	301	216	202	220	92	127	362
1994	125	330	215	344	215	229	230	102	120	406
1995	86	399	183	379	183	274	190	139	82	460
1996	139	309	203	325	203	223	214	104	129	376
1997	117	368	179	417	179	301	180	178	108	454
1998	127	336	183	382	183	270	196	147	118	407
1999	130	334	183	390	183	275	201	146	128	400
2000	96	369	194	401	194	275	204	152	95	458
2001	81	395	173	413	173	300	193	154	81	475
2002	136	294	217	331	217	222	225	107	134	372
2003	134	331	215	340	215	232	230	104	127	398
2004	111	405	190	398	190	283	199	147	104	458
2005	95	401	166	411	166	301	180	161	81	469
2006	116	385	193	383	193	275	203	140	113	436
2007	142	340	214	342	214	236	241	84	130	410
2008	109	412	178	441	178	322	186	181	104	488
2009	75	445	167	428	167	315	177	173	72	499

（续）

年份	春小麦		玉米		薯类作物		棉花		胡麻	
	ET_{green}	ET_{blue}	ET_{green}	ET_{blue}	ET_{green}	ET_{blue}	ET_{green}	ET_{blue}	ET_{green}	ET_{blue}
2010	99	377	157	453	157	334	176	186	91	485
2011	102	390	225	380	225	263	242	114	100	473
2012	155	330	223	357	223	245	228	120	151	395
2013	82	375	146	383	146	276	149	169	81	411

年份	油菜		蔬菜作物		瓜类作物		苹果		葡萄	
	ET_{green}	ET_{blue}	ET_{green}	ET_{blue}	ET_{green}	ET_{blue}	ET_{green}	ET_{blue}	ET_{green}	ET_{blue}
1991	117	500	28	404	90	273	108	271	103	448
1992	208	370	47	356	191	137	200	153	199	306
1993	235	321	18	382	208	106	216	124	211	282
1994	221	376	47	374	208	132	215	152	222	286
1995	186	427	68	373	178	160	183	190	186	336
1996	213	356	44	369	193	131	203	146	204	300
1997	188	447	28	422	160	201	179	211	161	400
1998	192	408	43	381	169	171	183	183	182	352
1999	185	416	53	366	177	167	183	188	196	342
2000	194	437	59	383	184	179	194	192	194	344
2001	173	457	80	364	167	186	173	209	187	354
2002	220	355	64	333	212	115	217	134	219	295
2003	222	375	46	381	200	137	215	150	215	307
2004	196	449	50	417	182	172	190	199	192	346
2005	180	448	56	394	164	182	166	215	179	357
2006	196	427	41	404	185	160	193	188	194	350
2007	227	384	75	368	196	142	214	157	223	287
2008	183	489	55	426	159	216	178	230	167	409
2009	170	482	53	415	163	193	167	227	173	378
2010	165	487	65	394	143	226	157	238	163	399
2011	228	425	79	381	222	140	225	169	238	314
2012	227	392	54	385	219	130	223	157	224	324
2013	146	414	24	365	141	174	146	202	144	354

附表 2　1991—2013 年黑河流域分作物绿水蒸散量 ET_{green} 和蓝水蒸散量 ET_{blue} 时间序列值（mm）

年份	春小麦		玉米		薯类作物		棉花		胡麻	
	ET_{green}	ET_{blue}	ET_{green}	ET_{blue}	ET_{green}	ET_{blue}	ET_{green}	ET_{blue}	ET_{green}	ET_{blue}
1991	46	536	80	527	80	406	84	282	41	529
1992	56	514	87	510	87	391	87	271	54	501
1993	71	554	88	490	88	382	89	242	58	509
1994	81	562	85	522	85	411	91	256	65	530
1995	93	534	105	480	105	368	108	228	86	484
1996	81	563	84	515	84	404	86	258	71	514
1997	73	553	93	482	93	375	97	230	60	503
1998	103	518	114	467	114	359	119	215	85	481
1999	80	529	107	460	107	354	115	208	74	481
2000	84	539	86	489	86	382	90	239	65	497
2001	66	553	103	479	103	368	105	229	60	506
2002	85	517	107	477	107	366	112	225	70	495
2003	93	501	122	444	122	337	131	196	84	467
2004	85	542	108	490	108	377	113	234	80	498
2005	67	588	97	565	97	437	101	293	52	577
2006	59	582	84	561	84	438	84	301	57	554
2007	106	523	143	501	143	377	156	225	98	518
2008	46	619	79	602	79	472	90	315	44	603
2009	28	637	87	581	87	453	87	307	28	608
2010	71	571	117	567	117	434	132	274	61	588
2011	39	623	85	589	85	457	89	311	37	602
2012	85	575	103	573	103	442	103	302	83	554
2013	79	575	94	560	94	429	94	300	79	534

（续）

年份	油菜		蔬菜作物		瓜类作物		苹果		葡萄	
	ET_{green}	ET_{blue}	ET_{green}	ET_{blue}	ET_{green}	ET_{blue}	ET_{green}	ET_{blue}	ET_{green}	ET_{blue}
1991	85	563	8	438	74	298	80	315	78	488
1992	89	545	16	422	86	273	87	300	87	468
1993	101	550	23	434	65	280	88	301	66	454
1994	101	577	25	458	73	289	85	323	78	470
1995	113	539	13	448	86	264	105	289	89	437
1996	93	576	12	463	65	293	84	320	67	476
1997	106	541	30	427	82	259	93	295	86	426
1998	132	515	26	435	94	252	114	277	99	428
1999	112	523	25	425	87	253	107	276	95	412
2000	104	540	23	436	72	270	86	303	76	442
2001	109	539	27	429	96	250	103	287	98	425
2002	121	523	36	417	85	265	107	283	90	437
2003	131	498	29	413	104	237	122	258	113	399
2004	113	548	28	439	94	263	108	291	99	445
2005	112	605	21	479	96	305	97	338	99	516
2006	87	607	13	481	83	304	84	341	84	525
2007	152	543	42	450	119	274	143	282	131	466
2008	81	651	41	477	74	337	79	369	84	551
2009	88	637	50	457	86	312	87	351	87	533
2010	127	606	67	438	110	306	117	327	125	505
2011	88	640	17	490	85	322	85	357	89	536
2012	104	618	15	495	98	310	103	341	99	536
2013	94	605	3	490	93	302	94	337	93	521

附表 3　1991—2013 年疏勒河流域分作物绿水蒸散量
ET_{green} 和蓝水蒸散量 ET_{blue} 时间序列值（mm）

年份	春小麦		玉米		薯类作物		棉花		胡麻	
	ET_{green}	ET_{blue}	ET_{green}	ET_{blue}	ET_{green}	ET_{blue}	ET_{green}	ET_{blue}	ET_{green}	ET_{blue}
1991	16	579	35	690	35	547	36	398	12	674
1992	39	532	43	644	43	511	44	367	37	607
1993	48	499	53	618	53	484	53	353	36	587
1994	23	556	28	697	28	551	29	407	20	657
1995	31	556	65	633	65	500	69	346	28	637
1996	42	545	45	648	45	514	45	369	36	624
1997	24	572	41	682	41	538	41	395	24	655
1998	28	546	32	663	32	525	32	388	19	630
1999	38	544	41	691	41	545	47	393	30	653
2000	33	540	42	677	42	530	49	383	33	638
2001	13	604	34	715	34	570	38	407	12	699
2002	49	523	55	677	55	530	55	385	44	636
2003	33	527	51	647	51	512	51	370	31	626
2004	17	624	28	752	28	595	28	438	12	721
2005	45	559	49	691	49	544	49	395	35	657
2006	37	570	38	713	38	564	39	416	36	660
2007	64	547	89	644	89	502	92	344	64	635
2008	14	622	21	754	21	603	26	439	11	719
2009	10	638	26	737	26	591	26	426	9	716
2010	27	570	40	720	40	573	46	406	19	699
2011	29	586	36	724	36	569	36	421	25	683
2012	70	537	82	648	82	504	83	354	69	618
2013	54	562	56	673	56	526	56	381	53	628

（续）

年份	油菜		蔬菜作物		瓜类作物		苹果		葡萄	
	ET_{green}	ET_{blue}	ET_{green}	ET_{blue}	ET_{green}	ET_{blue}	ET_{green}	ET_{blue}	ET_{green}	ET_{blue}
1991	39	742	4	556	30	413	35	439	30	644
1992	45	686	7	509	43	369	43	406	44	602
1993	65	644	2	498	52	354	53	382	52	579
1994	30	739	5	490	28	414	28	443	29	642
1995	68	684	21	518	60	364	65	395	64	590
1996	51	694	2	533	43	378	45	414	43	607
1997	41	730	4	545	39	401	41	432	39	640
1998	41	699	5	521	31	390	32	421	31	625
1999	49	728	9	538	41	403	41	433	47	634
2000	42	721	14	524	39	399	42	426	46	614
2001	35	771	19	556	30	425	34	456	34	662
2002	59	713	14	523	47	394	55	416	47	631
2003	53	690	10	518	44	381	51	403	44	615
2004	32	806	9	586	27	445	28	482	27	690
2005	58	730	7	552	45	402	49	433	46	643
2006	39	753	2	554	38	415	38	448	39	668
2007	89	700	21	546	65	383	89	395	68	614
2008	24	801	16	568	21	448	21	486	26	701
2009	26	800	20	569	25	433	26	475	25	684
2010	49	762	28	544	35	426	40	452	40	664
2011	40	767	3	566	36	426	36	459	36	666
2012	82	698	10	545	77	365	82	397	78	606
2013	58	718	2	545	52	388	56	422	52	627

图书在版编目（CIP）数据

河西地区作物需水变化机制与水资源优化配置研究 /
韩杰著.—北京：中国农业出版社，2021.10
　　ISBN 978-7-109-28331-2

　　Ⅰ.①河…　Ⅱ.①韩…　Ⅲ.①作物需水量-研究-甘
肃②水资源管理-资源配置-优化配置-研究-甘肃
Ⅳ.①S311②S274

中国版本图书馆 CIP 数据核字（2021）第 109353 号

中国农业出版社出版
地址：北京市朝阳区麦子店街 18 号楼
邮编：100125
责任编辑：史佳丽　魏兆猛
版式设计：王　晨　责任校对：吴丽婷
印刷：北京印刷一厂
版次：2021 年 10 月第 1 版
印次：2021 年 10 月北京第 1 次印刷
发行：新华书店北京发行所
开本：720mm×960mm　1/16
印张：11.25
字数：200 千字
定价：50.00 元